チョイス新標準問題集

数学 I・A

五訂版 河合塾講師 矢神 毅［著］

CHOICE

河合出版

━━━━━ は じ め に ━━━━━

　本書は大学入試のための数学Ⅰ・Aの問題集である．一通り数学Ⅰ・Aを学習した人が入試の準備のために利用することを想定している．とくに，教科書と実際の入試問題の隔りを埋めて，入試で必要となる手法や考え方に習熟してもらうことを目標にした．

　問題集の価値は「どの問題を採るか」と「どんな解答をするか」でほとんど決まるであろう．本書を書くにあたっては，次のことに留意した．

　　1　テーマがはっきりしていて夾雑物の少ない問題を選ぶ．

　　2　各項目ごとに，全問解けば一通りの知識と手法が学べるようにする．

　　3　教科書では扱いが小さいが，欠かすことのできないもの，例えば整数の問題や2次方程式の解の分離の問題などには，かなりの題数を割り当てた．

　　4　解答は考え方も含めて詳しく書いた．とくに，論理的な事柄がからんでくる点については少しくどいくらいに説明したところもある．

　　5　何通りかの解答がある場合には，より基本的（あるいは原理的）なものを優先させた．うまく工夫すると簡単に解ける場合でも，一般性や必然性に乏しいものはあえて無視して採用しなかった．

　　6　途中の計算もできるだけ省略せずに書いた．

　数学では，アイディアが大切である．単に解答を読んで理解するだけではなく，その解答を生みだす考え方や発想といったものを理解し，身につけるように努めてほしい．そうすれば，応用もきくし，次からは自分一人でも解けるようになると思う．また，解答を読んでいくと，いろいろ疑問に思うこともあるかも知れない．なぜ $x+\dfrac{1}{x}=t$ とおくのか，なぜ $a\geqq 1$ と $a<1$ とで場合分けをするのか，なぜ実数条件から最大値が求められるのか，等々．こういう疑問をもつことはよいことである．自分なりに理由を考えることが上達への近道であろう．紙面には限りがあり，また，活字でどれくらいうまく伝わるかわからないが，できるだけこのような疑問に答えられるように説明したつもりである．

構成と使い方

●問題編

基本のまとめ

　　各節のはじめに設け，その項目に関する公式や基本的な手法を整理した．

問題演習

　　大学入試問題を中心に，各分野の**標準的で頻出の問題を211題に厳選**した．とくに，問題の選定にあたっては受験生の達成感，満足感が得られるよう問題のレベル選定に注意し，問題の分量を定めた．冠名「チョイス新標準問題集」はこの意味あいを込めて命名した．なお，問題によっては，穴埋めの形のものを記述式にしたり，若干言葉使いを変えたものもある．これらについては，とくに断っていない．また，問題の主旨を変えない程度に少し変更を加えたものや問題の一部を削除したものもある．これらについては，大学名学部名の右上に＊をつけた．

　[問題A]　原則として基本的・基礎的問題を収録した．ただし，問題Aだけでも一通りの学習ができるように，一部やや難しい問題もある．また，テーマに従って配列したので，必ずしも厳密に易しい順に並んでいるわけではない．

　[問題B]　問題Aよりやや程度の高い問題を，AとBの難易が自然につながるよう収録した．後半部には，一部発展的問題も含まれている．

　[ヒント]　問題解法の手がかりとなるように，巻末の「答えとヒント」の中で必要に応じて設けた．

　　この問題集の進め方には，まず問題Aのみを通す方法と，問題A・問題Bセットで順番に取り組む二通りがある．また，教科書も問題集も一通り終わった受験生で，本格的に実力を試したい人は，問題Bだけを解いてもよい．

●解答・解説編

　[考え方]　解き方の指針を示してあるので，できるだけ読んでほしい．

　[解答]　2つ以上の解答を示すときには番号Ⅰ，Ⅱ，…をつけて区別してある．順番に大した意味はない．どれもお勧めできる解答であるから，1つ理解してくれればよい．もし余裕があり，すべて理解してくれればいうことはない．

　[注]　解答の際に注意すべき点や補足事項を示した．

━━━ もくじ ━━━

第1章　数と式

1　式と計算

1. 展開・因数分解の公式

(1) $(a+b)^2 = a^2 + 2ab + b^2$
$(a-b)^2 = a^2 - 2ab + b^2$

(2) $(a+b)(a-b) = a^2 - b^2$

(3) $(a+b)^3 = a^3 + 3a^2b + 3ab^2 + b^3$
$(a-b)^3 = a^3 - 3a^2b + 3ab^2 - b^3$

(4) $(a+b)(a^2 - ab + b^2) = a^3 + b^3$
$(a-b)(a^2 + ab + b^2) = a^3 - b^3$

(5) $(a+b+c)^2 = a^2 + b^2 + c^2 + 2(ab + bc + ca)$
$(a+b+c+d)^2 = a^2 + b^2 + c^2 + d^2 + 2(ab + ac + ad + bc + bd + cd)$

(6) $a^3 + b^3 + c^3 - 3abc = (a+b+c)(a^2 + b^2 + c^2 - ab - bc - ca)$

(7) $(x+a)(x+b) = x^2 + (a+b)x + ab$
$(ax+b)(cx+d) = acx^2 + (ad + bc)x + bd$

2. 対称式

(1) x と y を入れかえても変化しない式を，**x, y の対称式**という．x, y の対称式は，**基本対称式** $x+y$, xy で表される．
$$x^2 + y^2 = (x+y)^2 - 2xy$$
$$x^3 + y^3 = (x+y)^3 - 3xy(x+y)$$

(2) x, y, z のどの2つを入れかえても変化しない式を，**x, y, z の対称式**という．

x, y, z の対称式は，基本対称式 $x+y+z$, $xy+yz+zx$, xyz で表される．

$$x^2+y^2+z^2=(x+y+z)^2-2(xy+yz+zx)$$
$$x^3+y^3+z^3=(x+y+z)\{(x+y+z)^2-3(xy+yz+zx)\}+3xyz$$

（[注] 上の 2 番目の式は，$\boxed{1}$ (6) から導かれる.）

$\boxed{問題A}$

1 次の式を因数分解せよ.

(1) $2x^2-5xy-3y^2+7x+7y-4$ （東京電機大）

(2) $(x-4)(x-2)(x+1)(x+3)+24$ （東洋大 工）

(3) $a(b^2-c^2)+b(c^2-a^2)+c(a^2-b^2)$ （龍谷大 文系）

2 $x=2-\sqrt{3}$ のとき，x^3-4x^2+x+1 の値を求めよ.

（東北工業大）

3 (1) $x=\dfrac{1}{\sqrt{3}+\sqrt{2}}$，$y=\dfrac{1}{\sqrt{3}-\sqrt{2}}$ のとき，x^2+xy+y^2 の値を求めよ.

（南山大 経営）

(2) $x=3+\sqrt{5}$，$y=3-\sqrt{5}$ のとき，$\dfrac{x^2}{y}+\dfrac{y^2}{x}$ の値を求めよ.

（大東文化大 経済）

4 $x+\dfrac{1}{x}=3$ のとき，$x^2+\dfrac{1}{x^2}$，$x^3+\dfrac{1}{x^3}$ の値を求めよ.

（東京工科大 工）

5 $a+b+c=9$，$a^2+b^2+c^2=35$，$abc=15$ のとき，

$$ab+bc+ca=\boxed{}，\quad \frac{1}{a}+\frac{1}{b}+\frac{1}{c}=\boxed{}$$

である.

（名城大 法・人間・都市情報）

6 $xyz = 1$ のとき,

$$\frac{2x}{xy+x+1} + \frac{2y}{yz+y+1} + \frac{2z}{zx+z+1}$$

の値を求めよ.

（青山学院大　経営）

問題B

7 $\dfrac{2}{\sqrt{3}-1}$ の整数部分を α, 小数部分を β とするとき, β を $\sqrt{3}$ を用い

て表せば, $\beta = \boxed{}$ であり, $\dfrac{1}{\alpha+\beta+3} + \dfrac{1}{\alpha-\beta+1} = \boxed{}$ である.

（東海大　医）

8 $x^2 + \dfrac{1}{x^2} = 7$ のとき, 次の式の値を計算せよ.

(1) $x^3 + \dfrac{1}{x^3}$ 　　　　　　　　　　(2) $x^5 + \dfrac{1}{x^5}$

（関西大　商）

9 2つの数 x, y の和も積も正の数で, $x+y = \boxed{}$, $xy = \boxed{}$ とす

れば, $x^2+y^2 = 2$, $x^3+y^3 = \boxed{}$, $x^4+y^4 = -14$, $x^5+y^5 = \boxed{}$ である.

（早稲田大　文）

10 $x+y+z = 1$, $xy+yz+zx = 2$, $xyz = 3$ であるとき, 次の式の値を
求めよ. ただし,

$$x^3+y^3+z^3-3xyz = (x+y+z)(x^2+y^2+z^2-xy-yz-zx)$$

を用いてよい.

(1) $x^2+y^2+z^2$ 　　　(2) $x^3+y^3+z^3$ 　　　(3) $x^4+y^4+z^4$

（阪南大　商）

2　命題と論証

● 基本のまとめ ●

<u>1</u>　**ド・モルガンの法則**

集合 P, Q に対して,

$$\overline{P \cap Q} = \overline{P} \cup \overline{Q}, \quad \overline{P \cup Q} = \overline{P} \cap \overline{Q}$$

が成り立つ. 同様に, 命題 p, q に対して,

$$\overline{p \text{かつ} q} \iff \overline{p} \text{ または } \overline{q}, \quad \overline{p \text{または} q} \iff \overline{p} \text{ かつ } \overline{q}$$

が成り立つ.

<u>2</u>　**必要条件と十分条件**

例えば, 実数の変数 x に対する2つの条件

$$p : x \text{ は整数である}, \quad q : x \text{ は有理数である}$$

を考えると, $p \implies q$ となっている. この場合, q は p であるための **必要条件** である, という. また, p は q であるための **十分条件** である, という. 実際, 整数になるためには, その前に有理数であることが必要であり, また, 逆に有理数になるためには, 整数であればもちろん十分であるから, この用語は日常的な感覚と合っている.

$p \implies q$ と $q \implies p$ がともに成立するとき, p, q は互いに他の **必要十分条件** である, という. このとき, p と q は **同値** であるともいい, $p \iff q$ とかく.

<u>3</u>　**全称命題・存在命題**

(1)　すべての x に対して…, ある x に対して…といった命題は, 最大値・最小値に関連させて解けることが多い. 例えば, $f(x)$ を最大値と最小値をもつ関数とするとき,

$$\text{すべての } x \text{ に対して } f(x) \geqq 0 \iff f(x) \text{ の最小値 } \geqq 0$$
$$\text{ある } x \text{ に対して } f(x) \geqq 0 \iff f(x) \text{ の最大値 } \geqq 0$$

となる.

(2)　「すべての x に対して $p(x)$ である」の否定命題は「ある x に対して $p(x)$ でない」となる. 同様に, 「ある x に対して $p(x)$ である」の否定命題は「すべての x に対して $p(x)$ でない」となる.

4 **背理法**

命題 P を証明するために，P が成り立たないと仮定すると矛盾が導かれることを示し，それゆえに P が成り立つと結論する方法がある．この証明法は**背理法**とよばれる．

問題A

11 実数の全体を全体集合とし，その部分集合 A, B を

$$A = \{x \mid x^2 + x < 1\}, \quad B = \{x \mid x^2 - x \leq 2\}$$

とする．このとき，$A \cup B = \{x \mid \boxed{}\}$，$A \cap \overline{B} = \{x \mid \boxed{}\}$ である．

(広島工業大)

12 次の問に答えよ．

(1) 命題「すべての実数 x について $x^2 - x + \dfrac{1}{4} > 0$」の否定をつくり，その真偽を判定せよ．

(熊本商科大　経済)

(2) a, b を実数とするとき，条件「$ab > 0$ かつ $a + b \geq 1$」の否定は $\boxed{}$ である．

(立教大　社会)

(3) 命題「$x > 0$ かつ $y > 0$ ならば，$xy > 0$ である」の対偶を述べよ．

(津田塾大　学芸〈情報数理科学〉)

13 次の $\boxed{}$ の中に，「必要」，「十分」，「必要十分」，「必要でも十分でもない」のうち適切なものを入れよ．

$x^2 = 2$ は，$x = \sqrt{2}$ であるための $\boxed{}$ 条件であり，$x = -\sqrt{2}$ は，$x^2 = 2$ であるための $\boxed{}$ 条件である．

(法政大　文)

14　(1)　n が自然数であるとき，n^2 が偶数ならば n も偶数であることを示せ．

(2)　$\sqrt{2}$ は無理数であることを示せ．

（滋賀県立大　工・環境科学）

問題B

15　整数 m の平方が 3 の倍数ならば，m は 3 の倍数であることを，対偶によって証明せよ．

（富山県立大　工）

16　次の命題の真偽を述べ，その理由を説明せよ．ただし，$\sqrt{2}$，$\sqrt{3}$，$\sqrt{5}$，$\sqrt{6}$ が無理数であることを用いてもよい．

(1)　$\sqrt{2}+\sqrt{3}$ は無理数である．

(2)　x が実数であるとき，x^2+x が有理数ならば，x は有理数である．

(3)　x，y がともに無理数ならば，$x+y$，x^2+y^2 のうち少なくとも一方は無理数である．

（北海道大　文系）

17　a を実数の定数とし，実数 x，y についての条件 A を考える．

$$A : y > -x^2+3(a-1)x+a+1 \ \text{かつ} \ y < 2x^2+(a+3)x+4$$

(1)　「任意の x に対して，それぞれ適当な y をとれば条件 A が成り立つ」ための a の値の範囲を求めよ．

(2)　「適当な y をとれば，すべての x に対して条件 A が成り立つ」ための a の値の範囲を求めよ．

（広島修道大　法）

3 整 数

● 基本のまとめ ●

1 整数の除法

整数 a, b ($b>0$) に対して，a を b で割ったときの**商**を q，**余り**を r とすれば，

$$a = bq + r, \quad 0 \le r < b$$

2 整数を余りで分類すること

整数 m (>0) を1つ定めたとき，整数全体を，m で割った余りで分類することができる．

[例] $m=2$ とすると，すべての整数は $2k$ または $2k+1$ と表される．

3 最大公約数・最小公倍数

正の整数 A, B の**最大公約数**を G，**最小公倍数**を L とすると，

$$\begin{cases} A = Ga \\ B = Gb \end{cases} \quad (a,\ b \text{ は互いに素})$$

$$L = Gab$$

4 不定方程式

整数を未知数とする方程式を**不定方程式**という．

(1) $xy + ax + by + c = 0$ を解くには，

$$(x+b)(y+a) = ab - c$$

と変化する．

(2) $ax + by = c$ を解くには，1つの解 $(x, y) = (x_0, y_0)$ をみつけ，

$$ax + by = c = ax_0 + by_0 \quad \text{より} \quad a(x - x_0) = -b(y - y_0)$$

と変形する．

(3) どの変数についても2次式ならば，実数条件から変数のとりうる値の範囲を調べる．

(4) 変数が3個以上ある場合には，適当な不等式を導いて，変数のとりうる値の範囲を調べる．

$$\boxed{問題\mathrm{A}}$$

18　　整数 5400 の正の約数は全部で □ 個ある．また，これらの約数の総和は □ である．ただし，1 と 5400 自身も約数とする．

（芝浦工業大）

19　　n が整数のとき，$\dfrac{2n+1}{n-2}$ がとりうる整数値をすべて求めよ．

（南山大　経済）

20　　a を自然数とすると，a^3 を 3 で割った余りと，a を 3 で割った余りは等しいことを示せ．

（慶應義塾大　理工）

21　　次の方程式をみたす正の整数の組 (x, y) を求めよ．
$$xy = 3x - 2y$$

（立教大　理）

22　　p を素数とする．x, y に関する方程式
$$\frac{1}{x} + \frac{1}{y} = \frac{1}{p}$$
をみたす正の整数の組 (x, y) をすべて求めよ．

（お茶の水女子大　理）

23　次の $\boxed{}$ に当てはまる 0 から 9 までの整数を入れよ.

整数 x, y が

$$9x+7y=1 \qquad\qquad \cdots①$$

をみたしながら動くとする. ① をみたす一組の整数解として

$$x=-\boxed{}, \quad y=\boxed{}$$

があるから, ① をみたす一般の整数解は, 整数 n を用いて

$$x=-\boxed{}+\boxed{}n, \quad y=\boxed{}-\boxed{}n$$

と表せる.

（名城大　理工*）

問題B

24　n を自然数とするとき,

(1)　n^5-n を因数分解せよ.

(2)　n^5-n は 5 で割り切れることを示せ.

（南山大　経営）

25　3 で割ると 1 余り, 5 で割ると 2 余る正の整数の一般形を求めよ.

（学習院大　経済）

26　$x^2+2xy+3y^2=19$ をみたす整数の組 (x, y) をすべて求めよ.

（神戸学院大　法・経済）

27　x, y, z は自然数で, $x<y<z$ とするとき, $\dfrac{1}{x}+\dfrac{1}{y}+\dfrac{1}{z}=1$ をみたす x, y, z の値を求めよ.

（神戸薬科大）

28 (1) $xy=2x+2y+2$, $x \geq y$ をみたす正の整数 x, y をすべて求めよ.

(2) $xyz=2x+2y+2z$, $x \geq y \geq z$ をみたす正の整数 x, y, z をすべて求めよ.

（成城大　法）

29 l, m, n を整数とする.

(1) n^2 を3で割った余りは2にならないことを証明せよ.

(2) $m^2+n^2=l^2$ が成り立つならば, m, n の少なくとも一方は3で割り切れることを(1)の結果を用いて証明せよ.

（南山大　経済）

第2章　2次関数

4　2次方程式

● 基本のまとめ ●

1　**2次方程式の解の公式**

2次方程式 $ax^2+bx+c=0$ （a, b, c は実数, $a \neq 0$）の解は,

$$x=\frac{-b\pm\sqrt{b^2-4ac}}{2a}$$

で与えられる. 特に, $b=2b'$ のときは,

$$x=\frac{-b'\pm\sqrt{b'^2-ac}}{a}$$

2　**判別式**

$D=b^2-4ac$ を2次方程式 $ax^2+bx+c=0$ の**判別式**という.

$\quad D>0 \iff$ 異なる2つの実数解をもつ

$\quad D=0 \iff$ ただ1つの実数解（重解）をもつ

$\quad D<0 \iff$ 実数解をもたない

3　**解と係数の関係**

2次方程式 $ax^2+bx+c=0$ の2解を α, β とすると,

$$ax^2+bx+c=a(x-\alpha)(x-\beta)$$

と因数分解される. 右辺を展開して, 両辺の係数を比較すれば, 次の関係式を得る.

$$\begin{cases} \alpha+\beta=-\dfrac{b}{a} \\ \alpha\beta=\dfrac{c}{a} \end{cases} \quad \text{（解と係数の関係）}$$

問題A

30　2次方程式 $x^2+2mx+m+2=0$ が異なる実数解をもつとき，定数 m の値の範囲を求めよ．

（専修大　商）

31　2次方程式 $x^2-8x+10=0$ の2つの解を α，β とするとき，$\alpha^2+\beta^2$，$\alpha^3+\beta^3$，$\alpha^4+\beta^4$ の値をそれぞれ求めよ．

（日本大　経済）

32　方程式 $3x^2-x+p=0$ が実数解 α，β をもつとき，$|\alpha-\beta|\geqq 1$ となるための実数 p の範囲は　　　　である．

（南山大　経済）

問題B

33　x の2次方程式 $x^2+px+q=0$ の2つの解を α，β とする．$\alpha+2$，$\beta+2$ を解とする x の2次方程式が $x^2+qx+p=0$ であるとき，p，q の値を求めよ．

（専修大　経営）

34　2次方程式 $x^2-4x-m+11=0$ が実数解 α，β をもち，$|\alpha|+|\beta|\leqq 6$ となるための必要十分条件を求めよ．

（近畿大　農）

35 x に関する 2 次方程式
$$(k^2-k+1)x^2+2(k-1)^2x+k^2-3k+1=0$$
について，次の問に答えよ．ただし，k は実数とする．

(1) 方程式の 1 つの解が 1 となるように k の値を定めよ．

(2) k がすべての実数値をとるとき，方程式の実数解のとりうる値の範囲を求めよ．

（神奈川大　文）

5　2次関数と不等式

● 基本のまとめ ●

① **2次関数のグラフ**

$y = ax^2 + bx + c$ のグラフは放物線である．平方完成して

$$y = a(x - p)^2 + q$$

の形になるとき，この放物線の軸は直線 $x = p$，頂点は (p, q) である．また，グラフは

$$a > 0 \text{ なら下に凸，} a < 0 \text{ なら上に凸}$$

である．

② **2次不等式**

$ax^2 + bx + c \begin{Bmatrix} \geqq \\ \leqq \end{Bmatrix} 0$ を解くには，$y = ax^2 + bx + c$ のグラフを考える．

(1) $a > 0$ の場合（グラフは下に凸）

	$D > 0$	$D = 0$	$D < 0$
$y = ax^2 + bx + c$ のグラフ			
$ax^2 + bx + c > 0$	$x < \alpha$ または $\beta < x$	$x \neq \alpha$ なるすべての実数	すべての実数
$ax^2 + bx + c \geqq 0$	$x \leqq \alpha$ または $\beta \leqq x$	すべての実数	すべての実数
$ax^2 + bx + c \leqq 0$	$\alpha \leqq x \leqq \beta$	$x = \alpha$	解なし
$ax^2 + bx + c < 0$	$\alpha < x < \beta$	解なし	解なし

(2) $a<0$ の場合（グラフは上に凸）

$y=ax^2+bx+c$ のグラフ	$D>0$	$D=0$	$D<0$
$ax^2+bx+c>0$	$\alpha<x<\beta$	解なし	解なし
$ax^2+bx+c\geqq 0$	$\alpha\leqq x\leqq\beta$	$x=\alpha$	解なし
$ax^2+bx+c\leqq 0$	$x\leqq\alpha$ または $\beta\leqq x$	すべての実数	すべての実数
$ax^2+bx+c<0$	$x<\alpha$ または $\beta<x$	$x \neq \alpha$ なるすべての実数	すべての実数

③ 2次関数の定符号条件

前項の分類により，$f(x)=ax^2+bx+c\ (a\neq 0)$ に対して，

すべての実数 x で $ax^2+bx+c>0 \iff a>0,\ b^2-4ac<0$

すべての実数 x で $ax^2+bx+c<0 \iff a<0,\ b^2-4ac<0$

④ 2次関数の最大・最小

区間 $p\leqq x\leqq q$ における 2次関数 $f(x)=ax^2+bx+c$ の最大・最小を求めるには，

$$f(x) \text{ の増加・減少が軸 } x=-\frac{b}{2a} \text{ の前後で変化する}$$

ことに注意して，区間と軸の相対的な位置関係を調べることがポイントになる．

問題A

36 2つの不等式 $x^2+x-2<0$, $x^2-x-3>0$ が同時に成り立つような x の値の範囲を求めよ．

（神奈川大 工）

37 不等式 $ax^2+x+b>0$ の解が $-2<x<3$ となるような a, b の値を求めよ.

（文化女子大）

38 a は 0 でない定数とする. すべての実数 x に対して不等式

$$ax^2+2(a-1)x+\frac{4}{a}>0$$

が成り立つような a の値の範囲は $\boxed{}<a<\boxed{}$ である.

（千葉工業大）

39 $f(x)=2x^2-9x+1$ の $1\leqq x\leqq 3$ における最大値と最小値を求めよ.

（中央学院大　商）

40 $0\leqq x\leqq 2$ を定義域とする関数 $y=3x^2-6ax+2$ の最大値および最小値を, 次の(1)〜(5)の場合について求めよ.

(1) $a\leqq 0$ (2) $0<a<1$ (3) $a=1$ (4) $1<a<2$ (5) $a\geqq 2$

（北海道薬科大）

問題B

41 原点を通る放物線を x 軸の正の方向に平行移動して

$$y=x^2-3x-4$$

となった. もとの放物線の式を求めよ.

（専修大　経済・法）

42 不等式 $x^2-x\leqq 0$ の解が不等式 $x^2-2ax+a-1<0$ に含まれるとき, a の値の範囲を求めよ.

（青山学院大　経営）

43 $f(x)=x^2-2mx+2m+3$ とする.

(1) x のどんな実数値に対しても $f(x)>0$ が成り立つような m の値の範囲を求めよ.

(2) $0 \leqq x \leqq 4$ である x のどんな値に対しても $f(x)>0$ が成り立つような m の値の範囲を求めよ.

(山口大)

44 $f(x)=2x^2-4ax+a+a^2$ とする.

(1) 関数 $f(x)$ の区間 $0 \leqq x \leqq 3$ における最小値 m を求めよ.

(2) 関数 $f(x)$ の区間 $0 \leqq x \leqq 3$ における最大値 M を求めよ.

(松山大　法*)

6　いろいろな方程式

―●　基本のまとめ　●―

1　絶対値を含む方程式

$$|A| = \begin{cases} A & (A \geqq 0 \text{ のとき}) \\ -A & (A < 0 \text{ のとき}) \end{cases}$$

により絶対値記号をはずすのが基本的な方法である．場合によっては，

$$|A| = |B| \iff A = B \text{ または } A = -B$$

などを利用してもよい．

2　連立方程式

(1)　文字消去

　　例えば y について 1 次であれば，$y = \cdots$ と解いて，他の式に代入することで y を消去できる．

(2)　対称性がある場合

　　方程式が x, y について対称の場合は，$x + y = X$, $xy = Y$ などと基本対称式を置き換えると解きやすくなることが多い．

　　X, Y を求めたあとは次のようにする．2 次方程式の解と係数の関係により，

$$x + y = X, \quad xy = Y$$

　　$\iff$ t の 2 次方程式 $t^2 - Xt + Y = 0$ の 2 解が x と y

　　であることから，$t^2 - Xt + Y = 0$ を解けば，その 2 解が x, y になる．

問題A

45　方程式 $|x^2 + 6x + 8| = 4x + 11$ の解を求めよ．

（青山学院大　国際政経）

46　方程式 $|x^2-x-6|=4x+c$ の解の個数は定数 c の値に応じてどのように変化するか．グラフをかいて求めよ．

（徳島文理大　薬）

47　連立方程式

$$x^2+y=1, \quad kx-2y=-3$$

が 1 組の解しかもたないのは，$k=\boxed{}$ のときである．

（大阪薬科大）

48　$x+y=X$，$xy=Y$ とおいて，実数 x，y に関する次の連立方程式を解け．

$$x^2+y^2+x+y=0, \quad x^2+y^2+xy=1$$

（成蹊大　経済*）

問題B

49　x に関する方程式 $2|x^2-2x|=cx+1$ の相異なる実数解の個数を求めよ．

（青山学院大　経済*）

50　方程式 $x^4-6x^3+10x^2-6x+1=0$ について考える．$x=0$ はこの方程式の解ではないので，$x^2\neq0$ で両辺を割り $x+\dfrac{1}{x}=t$ とおくと，t に関する 2 次方程式 $\boxed{}$ を得る．これを解くと，$t=\boxed{}$ となるので，最初の方程式の解は $x=\boxed{}$ となる．

（創価大　経済）

51　x に関する次の 2 つの方程式が，少なくとも 1 つ共通解をもつための
条件を求め，その共通解を求めよ．

$$x^2 + px + 2p + 2 = 0, \quad x^2 - x - p^2 - p = 0$$

（法政大　文）

7　2次方程式の解の分離

● 基本のまとめ ●

1　基本的なアイディア

例として，$x^2-x-7=0$ の正の解 $\dfrac{1+\sqrt{29}}{2}$ と 3.2 の大小を考えよう．$f(x)=x^2-x-7$ とおくと，

$$f(3.2)=10.24-3.2-7=0.04>0$$

である．よって，$\dfrac{1+\sqrt{29}}{2}$ は 3.2 より小さい．

$\left(\text{右図を参照．実は } \dfrac{1+\sqrt{29}}{2}=3.19258\cdots\right)$

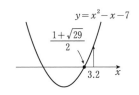

このように，3.2 との大小を $f(3.2)$ の正負で判定することができる．

2　基本的な分類

$f(x)=ax^2+bx+c=0$ $(a>0)$ の解 α, β と定数 k との大小は次のように分類される．以下，$D=b^2-4ac$ とする．

(1) $f(k)<0$ の場合

α, β は実数であり，$\alpha\leqq\beta$ とすれば

$$\alpha<k<\beta$$

である．

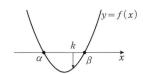

(2) $f(k)>0$ の場合

α, β が実数になるのは $D\geqq0$ のとき．このとき，軸 $x=-\dfrac{b}{2a}$ の位置により，さらに次の 2 つに分かれる．以下，$\alpha\leqq\beta$ とする．

(ア) $-\dfrac{b}{2a}<k$ のとき

$$\alpha\leqq\beta<k$$

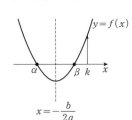

（イ）　$k < -\dfrac{b}{2a}$ のとき

$$k < \alpha \leqq \beta$$

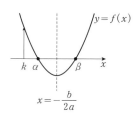

(3)　$f(k)=0$ の場合

この場合 $x=k$ が解の1つであるから，他の解も求められる．よってあとは具体的に計算すればよい．

以上の分類では，

（i）　$f(k)$ の符号　　（ii）　軸の位置　　（iii）　判別式 D

が重要な役割をしていることがわかる．個々の問題を解答するときは，この3つに着目してグラフをかいて考えるとよい．

問題A

52　$x^2 - kx + k^2 - 3 = 0$ の2つの解の間に1があるとき，k の値の範囲を求めよ．

（長崎総合科学大）

53　k を定数とするとき，x に関する2次方程式

$$x^2 - 2(k+1)x + 2(k^2 + 3k - 10) = 0$$

の解が，すべて正である k の値の範囲を求めよ．

（東京理科大　経営）

54　方程式 $x^2 + 2(2m-1)x + 4m^2 - 9 = 0$ が，次の条件をみたすような実数 m の値の範囲を求めよ．

(1)　2解がともに負

(2)　1解は正，他の解は負

（成城大　経済）

55 方程式 $x^2-2ax+a+12=0$ の2つの実数解がともに1より大きくなるのは，$\boxed{} \leqq a < \boxed{}$ のときである．

（青山学院大　経営）

問題B

56 x の2次方程式 $x^2+a(a-3)x+a-4=0$ が1より大きい解と -2 より小さい解をもつとき，実数 a の値の範囲を求めよ．

（芝浦工業大）

57 2次方程式 $x^2-2(a-1)x+(a-2)^2=0$ の2つの解を α, β としたとき，$0<\alpha<1<\beta<2$ となるような a の範囲を求めよ．

（立教大　経済）

58 a, b は実数の定数とする．2次方程式 $x^2-ax+b=0$ が実数解 α, β をもち，かつ α, β は $0\leqq\alpha\leqq1$, $0\leqq\beta\leqq1$ をみたすものとする．このとき，a, b のみたすべき条件を求めよ．また，その条件をみたす a, b を座標とする点 (a, b) の存在範囲を図示せよ．

（和歌山大　教育）

59 2次方程式 $x^2+ax+b=0$ は正の解を少なくとも1つもつ．点 (a, b) の存在範囲を図示せよ．

（同志社大　経済）

60 4次方程式 $x^4-px^2+p^2-p-2=0$ が相異なる4つの実数解をもつとき，実数 p のとりうる値の範囲を求めよ．

（近畿大　商経）

8　最大・最小と存在範囲

● 基本のまとめ ●

① 条件つきの最大・最小

(1)　文字消去

　　条件式が，例えば $x+y=1$ のような場合には，$y=1-x$ を代入して y を消去すればよい．

(2)　実数解条件に帰着

　　条件式が，例えば $x^2+xy+y^2=1$ のように文字消去が難しい場合に x, y の式 $f(x, y)$ の最大・最小を求めるには，連立方程式

$$\begin{cases} x^2+xy+y^2=1 \\ f(x, y)=a \end{cases}$$

　　が実数解をもつ a の範囲を求めればよい．

② 2 変数の関数の最大・最小

　　x, y の関数 $f(x, y)$ の最大値を求めるには，次のようにすればよい．

(**Step 1**)

　　まず x あるいは y の値を固定して考える．例えば y を固定すると，$f(x, y)$ は x だけの関数と考えられる．この最大を求める．結果は y の式となるので，これを $M(y)$ とかく．

(**Step 2**)

　　固定していた y を変化させて，$M(y)$ の最大を求める．これが求めるものである．

③ 点の存在範囲

　　例えば，$X=s+t$, $Y=s^2+t^2$ のように 2 つの変数 s, t で定まる点 (X, Y) の動く範囲を D とする．このとき，

　　$(a, b)\in D \iff X=a$, $Y=b$ となる s, t が存在する

　　　　　　　$\iff$ 連立方程式 $X=a$, $Y=b$ は解 s, t をもつ

となる．こうして，連立方程式が解をもつ条件に帰着される．

61　k を定数として，x，y が $x+y=k$ をみたして変化するとき，xy が最大になる x および y を求めよ．また，そのときの最大値を求めよ．

（中央大　経済）

62　$x^2+y^2=1$ のとき，x^2+4y は $(x, y)=(\boxed{}, \boxed{})$ のとき最大値 $\boxed{}$ をとり，$(x, y)=(\boxed{}, \boxed{})$ のとき最小値 $\boxed{}$ をとる．

（東海大　理・工）

63　関数 $y=(x^2-2x)^2+6(x^2-2x)+10$ において，$t=x^2-2x$ とおくと，$y=t^2+6t+10$，ただし，$t\geqq \boxed{}$ である．y は $t=\boxed{}$，すなわち $x=\boxed{}$ のとき，最小値 $\boxed{}$ をとる．

（西日本工業大）

64　x，y が実数であるとき，$f(x, y)=x^2-4xy+5y^2-4y+3$ の最小値を求め，そのときの x，y の値を示せ．

（名古屋学院大　経済）

65　x，y が実数で，$x^2+y^2=2x$ をみたすとき，$x+y$ の最大値は $\boxed{}$ で，最小値は $\boxed{}$ である．

（武蔵工業大　環境情報）

問題B

66 関数 $f(x, y) = 3y^2 - 4xy + 3x - 2y + 1$ の $0 \le x \le 1$, $0 \le y \le 1$ における最小値を求めよ.

（神戸学院大 薬）

67 正の数 x, y が $\dfrac{1}{x} + \dfrac{1}{y} = 1$ をみたすとき, $x + y$ の値の範囲を求めよ.

（学習院大 法）

68 実数 x, y は $x^2 + xy + y^2 = 3$ をみたしている. $u = x + y$, $v = xy$ とするとき,

(1) v を u の式で表せ.

(2) u のとりうる値の範囲を求めよ.

(3) $x + xy + y$ のとりうる値の範囲を求めよ.

（広島修道大 人文）

69 座標平面上で, 点 $\mathrm{P}(x, y)$ が $-1 \le x \le 1$, $-1 \le y \le 1$ をみたしながら動く. このとき, 点 $\mathrm{Q}(x + y, x^2 + y^2)$ の存在する範囲を図示せよ.

（関西大 工*）

第3章　個数の処理

9　場合の数

---●　**基本のまとめ**　●---

1　樹形図・辞書式配列

　　個数を数えるときには，漏れなく，しかも重複をしないで数えること
が肝心である．そのためには，樹形図をかいたり，辞書式に並べるなど，
何らかの順序関係を考えることが重要である．

2　積の法則

　　ある事柄 A が m 通りの方法で起こり，その各々に対して別の事柄 B
が n 通りの方法で起こるものとする．このとき，A が起こり，さらに
B が起こる場合の数は $m \times n$ 通りである．

3　包除原理

　　X を有限集合，A，B，C をその部分集合とする．このとき，集合の
要素の個数に関して，次の等式が成り立つ．

$$n(A \cup B) = n(A) + n(B) - n(A \cap B)$$
$$\begin{aligned} n(A \cup B \cup C) = &\, n(A) + n(B) + n(C) \\ &- n(A \cap B) - n(A \cap C) - n(B \cap C) \\ &+ n(A \cap B \cap C) \end{aligned}$$

問題A

70　1，2，3，4 の 4 個の数字を並べかえて 4 桁の整数をつくる．このとき，

(1)　異なる整数は全部で何通りできるか．

(2)　末尾が 1 となる整数は何通りあるか．

(3)　偶数となるものは何通りあるか．

（城西大　経済）

71　1 から 200 までの自然数の集合を N とし，A，B，C を N の部分集合とする．A は 3 の倍数のすべての集合，B は 5 の倍数のすべての集合，C は 7 の倍数のすべての集合とする．集合 S の要素の個数を $n(S)$ で表すとき，

(1)　$n(A)$，$n(B)$，$n(C)$ をそれぞれ求めよ．

(2)　$n(A \cap B)$，$n(A \cap B \cap C)$ をそれぞれ求めよ．

(3)　$n(A \cup B)$，$n(A \cup B \cup C)$ をそれぞれ求めよ．

　ただし，集合 S，T に対して，$S \cap T$ は S と T の共通部分を表し，$S \cup T$ は S と T の和集合を表す．

（明治大　政経）

72　n 個の要素からなる集合 X がある．このとき，X の部分集合全体の数は 　　　 である．S と T が X の 2 つの部分集合で，$S \cap T = \phi$ をみたすとき，S と T の定め方は 　　　 通りになる．ただし，ϕ，X も X の部分集合と考える．

（芝浦工業大）

問題B

73　1から100までの整数のうち，次の条件をみたす数の個数を求めよ．

(1)　2または3で割り切れる数

(2)　5で割り切れる数

(3)　2または3で割り切れるが，5で割り切れない数

（青山学院大　経済）

74　6個の数字0, 1, 2, 3, 4, 5を全部並べてできる6桁の整数の総数は□であり，それらを小さい順に並べたとき122番目の数は□である．また，それらのうち偶数の個数は□である．

（中央大　理工）

75　1, 2, 3の3種類の数字を並べてn桁の正の整数をつくるとき，1, 2, 3の数字がすべて含まれる整数はいくつできるか．ただし，数字は繰り返し用いてもよいとし，$n \geqq 3$ とする．

（熊本大　理系）

76　円に内接するn角形 （$n \geqq 5$）の3頂点をとり三角形をつくる．このとき，

(1)　もとのn角形と1辺のみを共有する三角形は何個あるか．

(2)　もとのn角形と辺を共有しない三角形は何個あるか．

（宮崎大　教育）

10　順列と組合せ

●── **基本のまとめ** ──●

1 **順　列**

n 個の異なるものから r 個取る順列の数 $_n\mathrm{P}_r$ は，

$$_n\mathrm{P}_r = \underbrace{n(n-1)(n-2)\cdots(n-r+1)}_{r \text{ 個}} = \frac{n!}{(n-r)!}$$

である．

2 **組合せ**

n 個の異なるものから r 個取る組合せの数 $_n\mathrm{C}_r$ は，

$$_n\mathrm{C}_r = \frac{\overbrace{n(n-1)(n-2)\cdots(n-r+1)}^{r \text{ 個}}}{r!} = \frac{n!}{r!(n-r)!}$$

である．

3 **$_n\mathrm{C}_r$ の性質**

(1)　$_n\mathrm{C}_r = {}_n\mathrm{C}_{n-r}$

(2)　$_n\mathrm{C}_r = {}_{n-1}\mathrm{C}_{r-1} + {}_{n-1}\mathrm{C}_r$

4 **同じものを含む順列**

例えば，3 文字 a, b, c がそれぞれ p 個，q 個，r 個，合計で n 個あるとき，この n 個の文字を並べてできる順列の数は

$$\frac{n!}{p!q!r!} \quad (p+q+r=n)$$

である．4 種類以上の文字の場合も同様の式が成り立つ．

5 **円順列**

n 個の異なるものを円形に並べる円順列の数は

$$(n-1)!$$

である．

問題A

77 SPACE の 5 文字を並べ変えることにする.

(1) 異なる並べ方は何通りあるか.

(2) A，C，E がこの順である並べ方は何通りあるか.

（東京経済大　経営）

78 男子 4 人と女子 3 人の，合わせて 7 人を 1 列に並べるとき，女子 3 人が互いに隣り合うように並べる方法は，何通りあるか.

（関東学院大　経）

79 SCHOOL の 6 文字を全部並べてできる順列は，

(1) 全部で何通りあるか.

(2) そのうち O が 2 文字続かないものは全部で何通りあるか.

（立教大　社会）

80 a，b，c，d，e，f，g，h の 8 文字すべてを並べるときの以下の順列の数を求めよ．解は階乗の形でもよい.

(1) 円周上に並べる場合

(2) 1 列に並べ，a，b が隣り合う場合

(3) 1 列に並べ，a，b 間に他の文字が 1 個入る場合

（名古屋学院大　経）

問題B

81　e, c, o, n, o, m, i, c の8文字すべてを並べて順列をつくる.

⑴　異なる順列の総数は 　　　 通りある.

⑵　2つのcが隣り合う順列の総数は 　　　 通りあり, そのうちで, さらに2つのoが隣り合う順列の総数は 　　　 通りある.

⑶　同じ文字が隣り合っていない順列の総数は 　　　 通りある.

⑷　順列の中の3種類の文字c, m, nに注目したときに, これらの文字がc, n, m, cの順序で入っている8文字の順列の総数は 　　　 通りある.

(近畿大　法・経済)

82　7つの数字1, 1, 2, 2, 3, 3, 4を1列に並べるのに, 奇数はすべて奇数番目にあるようにしたい. 並べ方は全部で何通りあるか.

(京都産業大　理)

83　12冊の異なる本を次のように分ける方法は何通りあるか.

⑴　5冊, 4冊, 3冊の3組に分けるのは, 　　　 通り.

⑵　4冊ずつ3人の子供に分けるのは, 　　　 通り.

⑶　4冊ずつ3組に分けるのは, 　　　 通り.

⑷　8冊, 2冊, 2冊の3組に分けるのは, 　　　 通り.

(東京理科大　理工)

84　5人の男子と5人の女子が手をつないで輪をつくるとき, 男女が交互に並ぶ方法は何通りあるか.

(北海学園大　工)

85 ガラスでできた玉で，赤色のものが6個，青色のものが2個，透明なものが1個ある．玉には，中心を通って穴が開いているとする．

(1) これらを1列に並べる方法は □ 通りある．

(2) これらを丸く円形に並べる方法は □ 通りある．

(3) これらの玉に糸を通して首輪をつくる方法は □ 通りある．

（日本大）

11　組合せの種々の問題

─────●　**基本のまとめ**　●─────

1 **重複組合せ**

(1)　n 種類のものから，同じ種類のものを何個でも取ることを許して，合計で r 個のものを取る組合せのことを**重複組合せ**といい，その数を $_n\mathrm{H}_r$ で表す．このとき，次の式が成り立つ．

$$_n\mathrm{H}_r = _{n+r-1}\mathrm{C}_r$$

(2)　方程式

$$x_1 + x_2 + \cdots + x_n = r \quad (x_1 \geqq 0,\ x_2 \geqq 0,\ \cdots,\ x_n \geqq 0)$$

の整数解 $(x_1, x_2, \cdots, x_n)$ の個数は，$_n\mathrm{H}_r$ 組である．なぜなら，n 種類のものから，同じ種類のものを何個でも取ることを許すとき，取る個数をそれぞれ x_1 個，x_2 個，$\cdots$，x_n 個とすると，上の方程式は合計で r 個になることを意味しているからである．

2 **二項定理・多項定理**

(1)　n を 1 以上の整数とするとき，次の式が成り立つ．

$$(a+b)^n = \sum_{k=0}^{n} {}_n\mathrm{C}_k a^{n-k} b^k$$

特に，$a=1$，$b=x$ とおくと，

$$(1+x)^n = {}_n\mathrm{C}_0 + {}_n\mathrm{C}_1 x + {}_n\mathrm{C}_2 x^2 + \cdots + {}_n\mathrm{C}_{n-1} x^{n-1} + {}_n\mathrm{C}_n x^n$$

(2)　n を 1 以上の整数とするとき，$(a+b+c)^n$ を展開すると，

$$\frac{n!}{p!q!r!} a^p b^q c^r \quad (p+q+r=n)$$

なる項たちの和になる．ここで，p，q，r は $p+q+r=n$ をみたす 0 以上の整数を動く．このことは，展開して同類項を整理するとき，$a^p b^q c^r$ になるのは，a を p 個，b を q 個，c を r 個選んで積をつくったもの，すなわち，a を p 個，b を q 個，c を r 個取って並べた順列に対応することからわかる．このような順列は，同じものを含む順列の公式から $\dfrac{n!}{p!q!r!}$ 個あるので，これが，$a^p b^q c^r$ の係数になる．

式で表すときは，$\sum$記号の下に p，q，r の条件をつけて，次のようにかく．

$$(a+b+c)^n = \sum_{\substack{p \geq 0, q \geq 0, r \geq 0 \\ p+q+r=n}} \frac{n!}{p!\,q!\,r!} a^p b^q c^r$$

問題A

86 図のような碁盤の目状の道路がある．S 地点を出発して，道路上を東または北に進んで G 地点に到達する経路を考える．（図1の太線はそのような経路の1例である）

(1) S 地点から G 地点に至る経路は何通りあるか．

(2) S 地点から G 地点に至る経路のうち，図2の A 地点と B 地点をともに通る経路は何通りあるか．

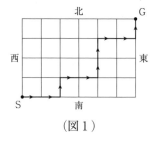

（図1）

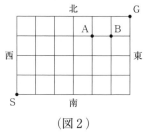

（図2）

（北海道大　文系*）

87 図のような道路があるとき，A から B への最短の道順は全部で何通りあるか．ただし，X 印のところは通れないものとする．

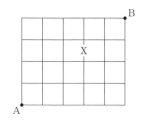

（琉球大）

88　8段の階段がある．1段または2段ずつのぼるとき，1段が2回で2段が3回となるのぼり方は何通りあるか．

（琉球大）

89　(1)　どの3点も同一直線上にない9点が平面上にある．このうちから3点を結んでできる三角形の個数は全部で $\boxed{}$ 個である．

(2)　三角形の各辺を3分割したときの6点と3頂点のうちから3点を結んでできる三角形の個数は全部で $\boxed{}$ 個である．

（日本大　生産工）

90　異なる n 個のものから，同じものを繰り返して取ることを許して，r 個を選び出す組合せの数は $_{n+r-1}C_r$ になる．このことを，みかん，柿，りんご，なしの4種類の果物から，同じ種類のものを繰り返して取ってよいとして，5個を選び出す場合について，その理由を説明せよ．また，その場合の数を求めよ．

（和歌山大）

91　(1)　$x+y+z=8$ をみたす正の整数 x，y，z は $\boxed{}$ 組ある．

（神奈川大　工）

(2)　重複を許した5つの負でない整数 a，b，c，d，e がある．このとき，$a+b+c+d+e=7$ となるような $(a，b，c，d，e)$ の組合せは何通りあるか．

（山梨学院大）

92　$\left(2x^2+\dfrac{1}{x}\right)^7$ の展開式で x^2 の係数は $\boxed{}$ である．

（関西大　工）

93 n を正の整数とするとき，次の式を n で表せ．

(1) ${}_nC_0 + {}_nC_1 + {}_nC_2 + \cdots + {}_nC_n$

(2) ${}_nC_0 + 2 \cdot {}_nC_1 + 2^2 \cdot {}_nC_2 + \cdots + 2^n \cdot {}_nC_n$

（東北学院大　法*）

94 $(a+b+c)^6$ を展開したとき，ab^2c^3 の係数は $\boxed{}$ である．

（自治医科大　1次）

問題B

95 図のような道路において，A から B へ行く最短の道順のうち，P または Q を通る道順は何通りあるか．

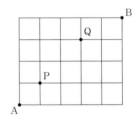

（千葉大　理系）

96 図のように東西に走る道路と南北に走る道路とがある．南西隅 A から東北隅 B に至る最短通路はいく通りあるか．

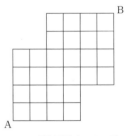

（学習院大　経済）

97 10 個の碁石がある．1 度に碁石は 1 個あるいは 2 個しか取れないものとする．このとき，この碁石を取り切る方法は何通りあるか．

（中央学院大　法）

98　1, 2, 3, 4, 5 の順列 a_1, a_2, a_3, a_4, a_5 のうちで

$$a_1 \neq 1, \ a_2 \neq 2, \ a_3 \neq 3, \ a_4 \neq 4, \ a_5 \neq 5$$

を全部みたすようなものは，いくつあるか．

（青山学院大　理工）

99　自然数 n に対して

$$_{2n}C_n = (_nC_0)^2 + (_nC_1)^2 + (_nC_2)^2 + \cdots + (_nC_n)^2$$

が成立することを，等式

$$(1+x)^{2n} = (1+x)^n \cdot (1+x)^n$$

において x^n の係数を比較することによって証明せよ．

（福井医科大*）

100　n 段（$n \geqq 5$）からなる階段がある．この階段をのぼるのに，1 度に 1 段，2 段，3 段をのぼる 3 種類ののぼり方が可能であるものとする．第 k 段にのぼるのぼり方の総数を $A(k)$ で表すとき，

⑴　$A(1)$, $A(2)$, $A(3)$, $A(4)$, $A(5)$ を求めよ．

⑵　$A(n-3)$, $A(n-2)$, $A(n-1)$, $A(n)$ の間に成り立つ関係式を求めよ．

⑶　$A(10)$ を求めよ．

（東北学院大　工）

第4章　確　率

12　事象と確率

――――― ● 基本のまとめ ● ―――――

1 **確　率**

ある試行において，同様に確からしい根元事象の全体，つまり全事象を U とする．このとき，事象 A の起こる確率 $P(A)$ は，次の式で表される．

$$P(A)=\frac{n(A)}{n(U)}$$

2 **余事象**

事象 A の余事象，つまり，A が起こらないという事象 $\overline{A}$ の確率は，
$$P(\overline{A})=1-P(A)$$
で表される．

3 **確率の加法定理**

2つの事象 A，B に対して，
$$P(A\cup B)=P(A)+P(B)-P(A\cap B)$$

問題A

101　2つのサイコロを振るとき，

(1)　目の和が7である確率は □ である．

(2)　2つの目が同じである確率は □ である．

（札幌大　経）

102　袋の中に赤玉3つ黒玉4つが入っている．この中から無作為に2つの玉を取り出す．このとき1つは赤玉でもう1つは黒玉である確率を求めよ．

（琉球大）

103　10本のくじの中に，当たりくじが2本入っているとする．このくじをA，B，Cの3人がこの順番に1本ずつ引くとき，次の確率を求めよ．

(1)　A，Bがはずれて，Cが当たる確率

(2)　少なくとも1人が当たる確率

（松山商科大　人文）

104　サイコロを3回振って出た目の数字の最大値を X とする．

(1)　$X=1$ となる確率を求めよ．

(2)　$X \leq 3$ となる確率を求めよ．

(3)　$X=3$ となる確率を求めよ．

（東北学院大*）

105　1つのサイコロを3回投げて出た目を順に x_1，x_2，x_3 とする．$x_1 \neq x_2$ となる事象を A，$x_2 \neq x_3$ となる事象を B とするとき，次の事象の確率をそれぞれ求めよ．

(1)　A，B がともに起こる事象 $A \cap B$

(2)　A，B の少なくとも一方が起こる事象 $A \cup B$

（浜松医科大）

問題B

106　10個の製品のうちに3個の不良品が入っている．いま，この10個の中から同時に4個を取り出すとき，その中に少なくとも1個の不良品が含まれる確率を求めよ．

（広島経済大）

107　n 個のサイコロを同時に振り，出た目の数の最大のものを M_n，最小のものを m_n とするとき，$M_n - m_n > 1$ となる確率を求めよ．

（京都大　文系）

108　n 個（$n \geq 2$）のサイコロを 1 度に投げるとき，1 の目が少なくとも 1 つ出るという事象を A，偶数の目が少なくとも 1 つ出るという事象を B，A も B も起こらないという事象を C とする．このとき，次の確率を求めよ．

(1)　A，B，C おのおのについて，それが起こる確率

(2)　A または B が起こる確率

(3)　A は起こるが B は起こらない確率

(4)　A も B も起こる確率

（福井大　教育・工）

109　白球 15 個と赤球 4 個が箱に入っている．この箱から球を 1 個取り出す操作を繰り返す．ただし，取り出した球はもとに戻さない．n 回目に取り出した球が 3 個目の赤球である確率を p_n とする．

(1)　p_n を n の式で表せ．

(2)　p_n が最大になる n を求めよ．

（一橋大*）

13 独立試行

● **基本のまとめ** ●

1 **独立試行の確率**

2つの試行 T_1, T_2 が独立であるとき，T_1 で事象 A が起こり，かつ T_2 で事象 B が起こる確率は，

$$P(A)P(B)$$

である．

2 **反復試行（重複試行）**

ある試行において，事象 A の起こる確率が p であるとする．この試行を n 回繰り返し行うとき，事象 A がちょうど r 回起こる確率は，

$$_nC_r p^r(1-p)^{n-r}$$

で与えられる．

問題A

110 サイコロを4回振るとき，すべて6が出る確率は□□□であり，少なくとも1回6が出る確率は□□□である．

（玉川大　工）

111 サイコロを5回投げて，そのうち3回，3の倍数の目が出る確率を求めよ．

（琉球大）

112　A, B 2チームが試合をして先に 4 勝したチームが優勝するものとする. 各試合において両チームの勝つ確率はどちらも $\frac{1}{2}$ で, 引分けはないものとする.

(1)　4 試合目で勝負が決まる確率を求めよ.

(2)　6 試合目で勝負が決まる確率を求めよ.

（大阪電通大）

113　3 人でじゃんけんをする.

(1)　1 度のじゃんけんで勝ちが 1 人決まる確率を求めよ.

(2)　3 度じゃんけんをしても勝ちが 1 人に決まらない確率を求めよ. ただし, 負けが 1 人で勝ちが 2 人のとき, その 2 人だけでじゃんけんを続けるものとする.

（学習院大　理）

問題B

114　プロ野球日本シリーズでは, 2 つのチームが 7 回戦で優勝を争うが, 一方のチームが先に 4 勝したらそこで試合は打ち切りとなり, そのチームの優勝が決定する. ただし, 各試合での引分けは考えないものとする.

(1)　一方のチーム A が優勝する場合の勝敗の組合せは何通りあるか.

(2)　1 回の試合でチーム A の勝つ確率が0.6であるとき, A がこのような日本シリーズで優勝する確率はだいたいいくらか.

（明治大　経営）

115 1つのさいころを続けて101回投げたとき，6の目が k 回出る確率を p_k とする．

(1) $\dfrac{p_k}{p_{k-1}}$ $(1 \leq k \leq 101)$ を簡単な式で表せ．

(2) (1)の結果を用いて p_k を最大にする k をすべて求めよ．

（福井大　工）

116 1回の試行で，事象 A の起こる確率を p とするとき，n 回の独立な試行で，A の起こる回数が偶数となる確率は $\dfrac{1}{2}\{1+(1-2p)^n\}$ であることを証明せよ．

（福井医科大）

14 条件つき確率

---● **基本のまとめ** ●---

1 **条件つき確率**

　　全事象 U の中の2つの事象 A, B について，A が起こったことがわかったとして，このとき B が起こる確率を，A が起こったときの B の起こる条件つき確率といい，$P_A(B)$ または $P(B|A)$ で表す．条件つき確率 $P_A(B)$ は次の式で求められる．

$$P_A(B) = \frac{P(A \cap B)}{P(A)}$$

2 **乗法定理**

$$P(A \cap B) = P(A)P_A(B)$$

3 **事象の独立**

　　事象 B が起こる確率が事象 A に依存しないとき，つまり，

$$P_A(B) = P(B)$$

のとき，事象 A, B は独立であるという．乗法定理から，次が成り立つ．

　　事象 A, B が独立 $\iff$ $P(A \cap B) = P(A)P(B)$

問題A

117　サイコロを2回投げるとき，1回目の目の数が2回目の目の数より大きい事象を A，目の数の和が偶数である事象を B とする．このとき，条件つき確率 $P_A(B) = \boxed{}$ である．

（東海大　工）

118　重さの異なる4個の玉が入っている袋から玉を1つ取り出し，もとに戻さずにもう1つ取り出したところ，2番目の玉のほうが重かった．2番目の玉が，4個の中で最も重い確率を求めよ．

（防衛大）

119 1, 2, 3, 4の番号をつけたカードが1枚ずつ合計4枚ある．これらのカードから無作為に3枚のカードを取り出して1列に並べる．このとき

(1) 左端のカードが1でないという条件のもとに，「中央のカードが1である」条件付き確率 p は $p = \boxed{}$ である．

(2) 左端のカードは1でなく，右端のカードは4でないという条件のもとに，「中央のカードが1である」条件つき確率 q は $q = \boxed{}$ である．

（東京薬科大）

120 1から12までの番号を1つずつ書いた12枚のカードから任意に1枚を取り出す．このとき，そのカードの番号が2の倍数であるという事象を A，3の倍数であるという事象を B で表す．

(1) $P(A)$, $P(B)$, $P(A \cap B)$ を求めよ．

(2) 事象 A と事象 B は独立であるかどうかを調べよ．

（近畿大　理工*）

問題B

121 3枚のカードのうち，1枚目のカードは両面とも赤色，2枚目は，両面とも白色，残りの1枚は片面が赤色で，その裏は白色である．これら3枚のカードを順序も表裏もでたらめにして，1枚をとり出したら，1つの面が赤色であった．その裏が白色である確率を求めよ．

（自治医科大）

122 1枚の硬貨を3回投げる試行で，1回目に表が出る事象を E，少なくとも2回表が出る事象を F，3回とも同じ面である事象を G とする．

(1) 事象 E, F, G, $E \cap F$ および $E \cap G$ のそれぞれが起こる確率を求めよ．

(2) 事象 E と F は独立であるかどうかをしらべよ．

(3) 事象 E と G は独立であるかどうかをしらべよ．

（宮崎医科大　医）

123　　5回に1回の割合で帽子を忘れるくせのあるK君が，正月にA，B，C 3軒を順に年始回りをして家に帰ったとき，帽子を忘れてきたことに気がついた．2軒目の家Bに忘れてきた確率を求めよ．

（早稲田大　文）

124　　Xという病気が大流行し，この病気を早く発見するために，ある検査法が開発された．この検査法によると，病気Xにかかっている人は96％の確率で発見できるが，X以外の病気にかかっている人は，10％の確率でXと誤診される．また，全く健康な人も4％の確率でXと誤診される．ある都市では，Xにかかっている人が2％，X以外の病気にかかっている人が6％，残りの92％は健康であるとする．

⑴　この都市で，無作為に選ばれた1人が，Xと診断される確率は幾らか．

⑵　この都市で，無作為に選ばれた1人がXと診断された．この人がXにかかっている確率は幾らか．四捨五入により小数第2位まで求めよ．

（浜松医科大）

15 期待値

---● **基本のまとめ** ●---

① **期待値の意味**

　ある試行において，n 個の事象 A_1，A_2，…，A_n のうち，ただ 1 つだけが起こるとする．事象 A_k が起こる確率が p_k で，A_k が起こるとき x_k 点の点数がもらえるとすると，平均すれば，

$$E = \sum_{k=1}^{n} x_k p_k = x_1 p_1 + x_2 p_2 + \cdots + x_n p_n$$

だけの点数がもらえると考えられる．これを**期待値**という．

問題A

125　2 個のさいころを同時に振るとき，2 つの目の和の期待値は ☐☐☐ である．

（防衛大）

126　2 つのサイコロを同時に振るとき，出た目の大きくない方を X とする．
(1)　$X = 2$ となる確率を求めよ．
(2)　X の期待値を求めよ．

（天理大）

127　袋の中に赤球 5 個，白球 3 個が入っている．この袋から 3 個取り出すとき，その中に赤球が x 個含まれている確率 $P(x)$ を求めよ．また変数 x の平均値（期待値）を求めよ．

（東北学院大）

54

128　1から6までの数字の中から，重複しないように3つの数字を無作為に選んだとき，その中の最大の数字を X とする．

(1)　$X=j\ (j=1,\ 2,\ \cdots,\ 6)$ となる確率を求めよ．

(2)　X の期待値を求めよ．

（横浜市立大　文理・医）

問題B

129　サイコロを振る試行を何回か繰り返して，出た目の和が3以上になったら，試行を終わるものとする．試行が終わるまでに，サイコロを振る回数を X としたとき

(1)　$X=1$ となる確率を求めよ．

(2)　$X\leqq2$ となる確率を求めよ．

(3)　X の期待値を求めよ．

（新潟大　経・農）

130　1から $n(n\geqq2)$ までの番号のついた n 枚のカードが1つの袋の中に入っている．この袋から2枚のカードを同時に取り出して大きい方の数字を X とする．このとき，X の期待値 $E(X)$ を求めよ．

（立教大　理）

131　さいころを続けて2回投げる．1回目に奇数の目が出たら，その目の数を X とする．また1回目に偶数の目が出たら，2回目に出た数を X とする．このとき，

(1)　X が1となる確率 $P(X=1)$ を求めよ．

(2)　X が2となる確率 $P(X=2)$ を求めよ．

(3)　X の期待値（平均，平均値）$E(X)$ を求めよ．

（早稲田大　理工）

132　半径 1 の円に内接する正六角形の頂点を A_1, A_2, $\cdots$, A_6 とする. これらから，任意に（無作為に）選んだ 3 点を頂点とする三角形の面積の期待値（平均値）を求めよ．ただし，2 つ以上が一致するような 3 点が選ばれたときは，三角形の面積は 0 と考える．

（東京大　理系）

第5章　図形と計量

16　三角比

● 基本のまとめ ●

1 三角比の定義

　図のように，単位円 $x^2+y^2=1$ の上に
点 $P(x, y)$ をとり，$\angle AOP=\theta$ とするとき，

$$\cos\theta=x, \quad \sin\theta=y, \quad \tan\theta=\frac{y}{x}$$

と定義する．$\tan 90°$ は定義されない．

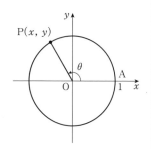

2 基本的な関係式

(1)　$\tan\theta=\dfrac{\sin\theta}{\cos\theta}$

(2)　$\cos^2\theta+\sin^2\theta=1$

(3)　$\cos(90°-\theta)=\sin\theta, \quad \sin(90°-\theta)=\cos\theta$

(4)　$\cos(180°-\theta)=-\cos\theta, \quad \sin(180°-\theta)=\sin\theta$

3 正弦定理

　三角形 ABC の外接円の半径を R とすれば，

$$\frac{a}{\sin A}=\frac{b}{\sin B}=\frac{c}{\sin C}=2R$$

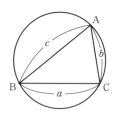

4 **余弦定理**

三角形 ABC において，

$$\begin{cases} a^2 = b^2 + c^2 - 2bc\cos A \\ b^2 = c^2 + a^2 - 2ca\cos B \\ c^2 = a^2 + b^2 - 2ab\cos C \end{cases}$$

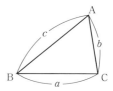

5 **三角形の面積**

(1) 三角形 ABC の面積を S とすると，

$$S = \frac{1}{2}bc\sin A = \frac{1}{2}ca\sin B = \frac{1}{2}ab\sin C$$

(2) 三角形 ABC の面積を S，$\dfrac{a+b+c}{2} = s$ とすると，

$$S = \sqrt{s(s-a)(s-b)(s-c)} \quad （ヘロンの公式）$$

(3) xy 平面上で，3 点 $O(0, 0)$，$A(x_1, y_1)$，$B(x_2, y_2)$ を頂点とする三角形 OAB の面積 S は，

$$S = \frac{1}{2}|x_1 y_2 - x_2 y_1|$$

$$\boxed{\text{問題A}}$$

133　$90° < \theta < 180°$ で $\sin\theta = \dfrac{1}{3}$ のとき，$\cos\theta$ と $\tan\theta$ の値を求めよ.

（広島県立保健福祉大）

134　$\sin\theta + \cos\theta = \dfrac{\sqrt{3}}{3}$ のとき，

$$\sin\theta\cos\theta, \quad \sin^3\theta + \cos^3\theta, \quad \tan\theta + \frac{1}{\tan\theta}$$

の値をそれぞれ求めよ.

（大阪経済大　経営）

135 三角形 ABC において，BC＝3，CA＝4，AB＝2 であるとき，$\sin A =$ $\boxed{}$ で，内接円の半径は $\boxed{}$ である．

（福岡工業大）

136 ∠A＝60°，∠B＝45°，AB＝$2\sqrt{3}$ の三角形 ABC がある．このとき，BC の長さ＝$\boxed{}$，△ABC の面積＝$\boxed{}$，そしてこの三角形の外心と B との距離は $\boxed{}$ である．

（明治学院大　経済）

問題B

137 $\sin\theta+\cos\theta=\dfrac{1}{\sqrt{2}}$，$90°<\theta<180°$ のとき，$\sin\theta$，$\cos\theta$ の値を求めよ．

（神奈川大　経済）

138 四角形 ABCD が半径 R の円に内接し，AB＝8，BC＝5，CD＝3，DA＝3 をみたす．
(1) ∠A の大きさを求めよ．
(2) 辺 BD の長さを求めよ．
(3) 半径 R を求めよ．

（名城大　農）

139 三角形 ABC の3つの内角の大きさを A，B，C とし，それらに対する辺の長さをそれぞれ a，b，c とする．関係式 $a\cos A=b\cos B$ が成立するならば，
(1) この三角形 ABC はどんな三角形か．
(2) $a＝1$，$b＝\sqrt{3}$ のとき，A を求めよ．

（明星大　情報）

17　図形の計量

問題A

140　3辺の長さが a, $a-1$, $50-a$ の三角形がある．このとき，a の値の範囲を求めよ．また，この三角形が直角三角形になるとき，a の値を求めよ．

（玉川大　工）

141　$\angle A = 60°$, $AB = c$, $AC = b$ である三角形 ABC について，次の問に答えよ．

(1)　三角形 ABC の面積を求めよ．

(2)　$\angle A$ の二等分線が辺 BC と交わる点を P とするとき，AP の長さを求めよ．

（専修大　文・経済）

142　三角形 ABC において，AB＝6，BC＝4，CA＝4 であるとき，$\cos A = \boxed{}$ である．また，△ABC の面積 $S = \boxed{}$，△ABC に内接する円の半径 $r = \boxed{}$ である．

（成蹊大　経済）

143　三角形 ABC において，その面積を S，BC＝a，CA＝b，AB＝c，$\angle BAC = \theta$，$a+b+c = 2l$ とおく．次の等式が成り立つことを示せ．

(1)　$S = \dfrac{1}{2} bc \sin \theta$

(2)　$S^2 = l(l-a)(l-b)(l-c)$

（佐賀大　文化教育）

144　1 辺の長さが a の正四面体 OABC の辺 AB の中点を M とするとき, $\sin \angle$OMC の値を求めると, $\boxed{}$ である.

（東北学院大　工）

問題B

145　右の図は 1 辺の長さ a の正五角形を示したものであり, 点 F は対角線 AC と対角線 BE との交点を, また点 G は対角線 AD と対角線 BE との交点を表している.

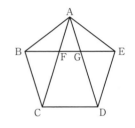

(1) $\angle$BAE, $\angle$ABE, $\angle$FAG を求めよ.
(2) 対角線 BE の長さを x とし, 三角形 ABE と三角形 FAB との関係, および三角形 AEF の性質に注目して, x に関する 2 次方程式を求めよ.
(3) 上の 2 次方程式から x の値を求めよ.

（早稲田大　人間科学）

146　三角形 ABC の $\angle$A の二等分線と辺 BC の交点を D とする. AD=BD=3, CD=2 のとき, $\cos B = \boxed{}$, $\triangle$ABC の面積 $= \boxed{}$ である.

（埼玉工業大）

147　表面積が一定値 A である直円錐を考える. 底面の半径を r として次の問に答えよ.
(1) 円錐の高さ h を r で表せ.
(2) 円錐の体積 V を r で表せ. また, V の最大値を求めよ.

（東洋大　経営*）

148　　三角錐 ABCD において，AB＝AC＝AD＝3，BC＝CD＝DB＝2

とする．また，辺 BC を 1 : 3 に内分する点を E とする．このとき，三角形

ADE に対して答えよ．

(1)　辺 DE，AE の長さを求めよ．

(2)　三角形 ADE の面積を求めよ．

（岡山大　経済・教育）

第6章　平面図形

18　三角形

━━━━●　基本のまとめ　●━━━━

1 　角の二等分線

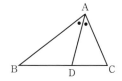 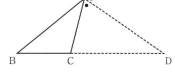

AD が ∠A の二等分線のとき　　　　AD が ∠A の外角の二等分線のとき

AB : AC＝BD : DC　　　　　　　　　　AB : AC＝BD : DC

2 　三角形の五心

(1)　重心

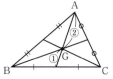

　三角形の 3 本の中線の交点.

　各中線を 2 : 1 に内分する.

(2)　内心

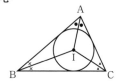

　三角形の内接円の中心.

　3 つの内角の二等分線の交点.

(3)　外心

　三角形の外接円の中心.

　3 つの辺の垂直二等分線の交点.

(4)　垂心

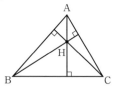

　三角形の頂点から辺に下ろした

　3 本の垂線の交点.

(5)　傍心

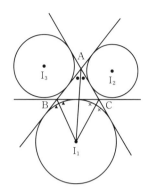

三角形の傍接円の中心（3個ある）.

1つの内角と2つの外角の二等分線の交点.

3 **共線・共点についての定理**

(1)　メネラウスの定理とその逆

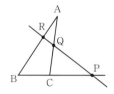

辺 BC，CA，AB またはその延長上に3点 P，Q，R をとるとき，

P，Q，R が一直線上にある

$$\iff \frac{BP}{PC} \cdot \frac{CQ}{QA} \cdot \frac{AR}{RB} = 1$$

(2)　チェバの定理とその逆

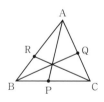

辺 BC，CA，AB またはその延長上に3点 P，Q，R をとるとき，

AP，BQ，CR が一点で交わる

$$\iff \frac{BP}{PC} \cdot \frac{CQ}{QA} \cdot \frac{AR}{RB} = 1$$

問題A

149 　三角形 ABC の頂点 A から辺 BC に引
いた中線を AM とし，BC，CA，AB の長さを
それぞれ a，b，c とするとき，次の式が成り立
つことを証明せよ．

$$AM = \frac{1}{2}\sqrt{2(b^2 + c^2) - a^2}$$

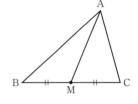

（明治大　情報コミュニケーション）

150 　三角形 ABC において，AB=4，BC=8，AC=7 とする．∠A の
二等分線が辺 BC と交わる点を D とする．このとき，BD を求めよ．

（金沢工業大）

151 　三角形 ABC で，辺 AB を 2：3 に内分する点を P，辺 AC を 3：1
に内分する点を Q，線分 BQ と線分 CP の交点を R とする．直線 AR と辺
BC の交点を M とするとき，BM と MC の比を最も簡単な整数の比で表せ．

（武蔵大　経済）

152 　1 辺の長さが 2 の正三角形 ABC がある．辺 AB を 3：1 に内分す
る点を P，辺 BC の中点を Q とし，線分 CP と AQ の交点を R とする．こ
のとき，三角形 ABR の面積は  である．

（上智大　外国語・総合人間科学・法）

問題B

153　三角形 ABC において，AB＝AC＝3，BC＝2 である．三角形 ABC の重心を G，内心を I とするとき，GI の長さを求めよ．

（同志社女子大　学芸・現代社会・生活科学）

154　AB≠AC である鋭角三角形 ABC の外心を O，重心を G とする．直線 OG と A から辺 BC に下ろした垂線との交点を H，BC の中点を M とするとき，AH：OM を求めよ．

（鹿児島大　理系）

155　AB＝AC である二等辺三角形 ABC を考える．辺 AB の中点を M とし，辺 AB を延長した直線上に点 N を，AN：NB＝2：1 となるようにとる．このとき，∠BCM＝∠BCN となることを示せ．ただし，点 N は辺 AB 上にはないものとする．

（京都大　理系）

156　三角形 ABC と辺 BC 上の点 D がある．線分 AD 上に点 P をとり，直線 CP と辺 AB の交点を Q，直線 BP と辺 AC の交点を R とする．
⑴　D が BC の中点でなければ，直線 QR は直線 BC と交わることを示せ．この交点を S とする．
⑵　⑴のとき，P の位置が変化しても交点 S の位置は変わらず，BS：SC＝BD：DC が成り立つことを示せ．

157 　三角形 ABC において，∠A の
外角の二等分線と辺 BC の延長が点 P
で交わるとする．このとき，∠B，∠C
の二等分線と辺 CA，AB との交点をそ
れぞれ Q，R とすれば，3 点 P，Q，R
は一直線上にあることを証明せよ．

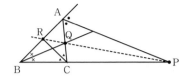

19　円

--- ● 基本のまとめ ● ---

1　円周角

(1) 円周角の定理

1つの円で，同じ弧あるいは長さの等しい弧に対する円周角はすべて等しく，中心角の半分となる．

(2) 円周角の定理の逆

∠APB＝∠AQB ならば，4点 A，B，P，Q は1つの円周上にある．

(3) 円に内接する四角形

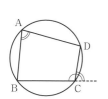

四角形 ABCD が円に内接する

⟺　∠BAD＋∠BCD＝180°

(4) 接弦定理

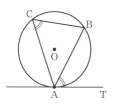

円周上の1点 A における接線 AT と弦 AB がなす角は，弧 AB に対する円周角に等しい．

∠BAT＝∠ACB

② 方べきの定理

(1)

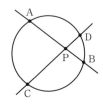 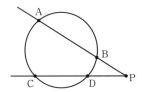

1つの円とその円周上にない点 P をとる．P を通る直線が円と交わる点を A，B とすれば，PA·PB の値はつねに一定である．これから上の 2 つの図では

$$PA·PB=PC·PD$$

となる．

(2)

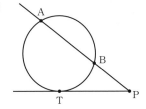

1つの円とその外部に点 P をとる．P を通る円の接線と割線を引き，接点を T，交点を A，B とする．このとき，

$$PA·PB=PT^2$$

となる．

(3) 方べきの定理の逆

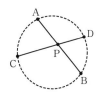

直線 AB と CD が点 P で交わり

$$PA·PB=PC·PD$$

ならば，4 点 A，B，C，D は 1 つの円周上にある．

問題A

158　鋭角三角形 ABC の頂点 A から対辺 BC
に垂線 AD を下ろし, 直線 AD と三角形 ABC
の外接円との交点のうち A と異なる点を E とす
る. また, 三角形 ABC の垂心を H とする. こ
のとき, HD＝DE であることを証明せよ.

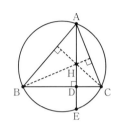

（明治大　情報コミュニケーション*）

159　鋭角三角形 ABC において, 頂点 A を通り直線 BC に点 B で接す
る円 C_1 の半径を p, 頂点 A を通り直線 BC に点 C で接する円 C_2 の半径を
q とする. このとき, 三角形 ABC の外接円の半径 R を p, q で表せ.

（岩手大　教育・農）

160　点 O を中心とする半径 r の円と円外の
点 P がある. 点 P を通る直線が円と 2 点 A, B
で交わるとする. このとき, $PA \cdot PB = PO^2 - r^2$
が成立することを証明せよ.

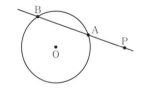

（倉敷芸科大　産業科学技術）

161　平面上に円 S と 6 点 A, B, C, D, E, F がある. A, B, C は S
上の異なる 3 点で, この順番で反時計回りに並んでいる. 線分 AB を A の
側に延長した半直線上に点 D がある. ∠CAD を二等分する直線 l と円 S は
異なる 2 点で交わり, それらは A と E である. さらに, E は C を含まない
S 上の弧 AB 上にある. また, l は線分 BC を C の側に延長した半直線と交
わり, その交点が F である. このとき, 次の問に答えよ.

(1)　題意にしたがって, 円 S, 三角形 ABC および点 D, E, F を描け.

(2)　三角形 ACF と三角形 AEB が相似であることを証明せよ.

(3)　AB・EF＝EB・BF となることを証明せよ.

（高知大　理）

問題B

162 　円に内接する四角形 ABCD の対角線 AC, BD が直交するとき, その交点 E を通って辺 AB に垂直な直線は対辺 CD の中点を通ることを示せ.

(大阪府立大　理〈情報数理科学〉)

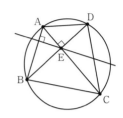

163 　図のように, 中心が O_1, O_2 である 2 つの円が 2 点 A, B で交わっている. 直線 m を 2 つの円の共通接線, 接点を C, D とし, 直線 AB と直線 m の交点を M とする. このとき, 次の問に答えよ.

(1) 点 M は線分 CD の中点であることを示せ.

(2) ∠CMA が直角であるとき, 2 つの円の半径は等しいことを示せ.

(岩手大　教育・農)

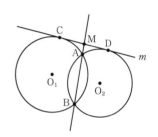

164 　円に内接する四角形 ABCD がある. AB＝a, BC＝b, CD＝c, DA＝d とするとき,
$$AC \cdot BD = ac + bd$$
が成り立つ.

　対角線 BD 上に点 E を, ∠CAD＝∠BAE となるようにとって, 上の等式が成り立つことを証明せよ.

(東京慈恵会医科大　看護)

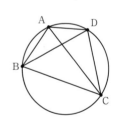

165　三角形 ABC の外接円の周上に頂点と異なる
点 P をとり，P から直線 AB，BC，CA に垂線 PD，
PE，PF を引く．このとき，3 点 D，E，F は一直線
上にあることを証明せよ．（シムソンの定理）

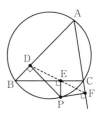

20 平面図形の種々の問題

166 直角三角形 ABC において，$\angle C = \dfrac{\pi}{2}$，AB$=1$ であるとする．

$\angle B = \theta$ とおく．点 C から辺 AB に垂線 CD を下ろし，点 D から辺 BC に垂線 DE を下ろす．AE と CD の交点を F とする．

(1) $\dfrac{\text{DE}}{\text{AC}}$ を θ で表せ．

(2) 三角形 FEC の面積を θ で表せ．

（北海道大　文系）

167 平面において，半径 7 の円 C_1 と半径 4 の円 C_2 が外接しているとする．C_1 と C_2 の接点を通らない共通接線の 1 つを l とし，l と C_1 の接点を P，l と C_2 の接点を Q とするとき，線分 PQ の長さを求めよ．

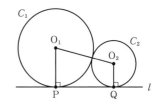

（愛知工業大）

168 点 O を中心とする半径 1 の円 C と点 P があり，OP$=2$ とする．O，P を通る直線が C と交わる 2 点を P から近い順に Q，R とする．O との距離が $\dfrac{\sqrt{21}}{7}$ で P を通る直線を 1 本引き，それと C が交わる 2 点を P から近い順に T，S とする．このとき，P と S の距離は $\boxed{}$ である．また，R と S の距離は $\boxed{}$ である．

（南山大　法）

169　円に内接する四角形 ABCD があり，
$$AB=4\sqrt{5},\ AD=10,\ BD=10,\ AC\perp BD$$
とする．AC と BD との交点を H とするとき，
$$BH=\boxed{},\ AH=\boxed{},\ AC=\boxed{}$$
である．

（京都産業大　経済・経営・法・外国語・文化）

170　次の問に答えよ．

(1)　平面において，一直線上に相異なる 3 点 A，P，B をこの順にとる．次に線分 AB を直径とする半円 C をかき，点 P を通る直線 AB の垂線と半円 C との交点を Q とする．このとき，半円 C の半径と線分 PQ の長さをそれぞれ線分 AP の長さと線分 BP の長さを用いて表せ．

(2)　(1)を用いて，2 つの正の数 a，b に対して，不等式 $\dfrac{a+b}{2}\geqq\sqrt{ab}$ が成り立つことを示せ．また，等号が成り立つのはどのような場合かも示せ．

（佐賀大　文化教育）

171　半径 2 の半円 O に半径 1 の円 A が内接し，さらに，半円 O に内接し円 A に外接する円 B がある．このとき，円 B の半径を求めよ．

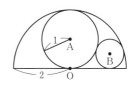

（広島文教女子大）

問題B

172 三角形 ABC の内心を I とし，直線 AI，BI，CI と三角形 ABC の外接円との交点のうち，頂点 A，B，C と異なるものをそれぞれ D，E，F とする．このとき，I は三角形 DEF の垂心であることを証明せよ．

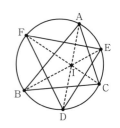

(京都大　理系)

173 次の問に答えよ．

(1) 四角形 ABCD において，∠A＝∠B＝90°，CD＝AD＋BC とする．辺 AD，辺 BC の長さをそれぞれ a，b とするとき，辺 AB の長さを a，b を用いて表せ．

(2) 円 O_1，円 O_2 が点 P で外接しているとする．点 P を通らない円 O_1，円 O_2 の共通接線の 1 つを l とする．直線 l と円 O_1，円 O_2 で囲まれる図形の内部にある円で，

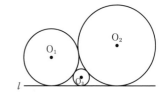

円 O_1，円 O_2 に外接し，直線 l に接するものを O_3 とする．円 O_1，円 O_2 の半径をそれぞれ x，y とするとき，円 O_3 の半径を x，y を用いて表せ．

(大阪市立大　商・経済・医〈看護〉・生活科学)

174　　図の円に内接する四角形 ABCD
において，直線 DA と直線 CB との交点
を P，直線 BA と直線 CD との交点を Q
とする．

(1)　$\dfrac{\text{AB}}{\text{CD}} = \dfrac{\text{QA} \cdot \text{BP}}{\text{PC} \cdot \text{DQ}}$ であることを示せ．

(2)　$\text{PA} \cdot \text{QD} = \text{PB} \cdot \text{QA}$ であることを示せ．

(3)　∠APB の二等分線と辺 AB，DC との交点をそれぞれ E，F とし，
　　∠AQD の二等分線と線分 EF との交点を R とする．このとき，
　　∠PRQ＝90° であることを示せ．

（宮崎大　農・教育文化）

175　　半径がそれぞれ 1, 1, $\sqrt{2}-1$ である
3 つの円が，図のように，どの 2 つも互いに外
接しているとする．3 つの円で囲まれた図形
（図の網目部分）の面積を求めよ．

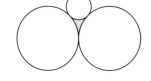

（学習院大　法）

176　　円 O の円周上に異なる 2 点 A，B がある．弧 AB を除いた円周上
を点 C が動くものとする．

(1)　三角形 ABC の内接円の中心 I の軌跡は，ある円の一部となることを示
せ．

(2)　三角形 ABC の内接円の半径が最大となるのは，AC＝BC となるとき
であることを証明せよ．

（茨城大　教育）

177 一般に，円に内接する四角形 ABCD について

$$AB \cdot CD + AD \cdot BC = AC \cdot BD$$

の成り立つことが知られている．このことを利用して次の問に答えよ．

(1) 1辺の長さが1の正五角形 ABCDE の対角線 AC の長さは ☐ である．

(2) 正七角形 ABCDEFG で $AB=x$, $AC=y$, $AE=z$ とする．このとき $\dfrac{1}{y}+\dfrac{1}{z}$ を x の式で表すと ☐ である．

（神戸薬科大　薬）

MEMO

第7章　データの分析

1 **平均値・中央値・最頻値**

(1) **平均値**

n 個のデータ x_1, x_2, $\cdots$, x_n に対して,

$$\overline{x} = \frac{1}{n}\sum_{k=1}^{n} x_k = \frac{1}{n}(x_1 + x_2 + \cdots + x_n) \text{ を平均という.}$$

(2) **中央値**

データを大きさの順に並べたとき, 中央にくる値を**中央値**（メジアン）という. データが偶数個の場合は, 中央の2つのデータの平均を中央値とする.

(3) **最頻値**

データの中で, 最も多く出てくる値を**最頻値**（モード）という.

2 **四分位数・箱ひげ図**

(1) **四分位数**

データを大きさの順に並べたとき, 中央値を**第2四分位数**ともいう. 第2四分位数を境目にして（データが奇数個のときは, 第2四分位数を取り除いて）上組と下組に分割し, 下組の中央値を**第1四分位数**, 上組の中央値を**第3四分位数**という. 四分位数は, データをおおよそ4等分した値である.

(2) **箱ひげ図**

第1四分位数を Q_1, 第2四分位数（中央値）を Q_2, 第3四分位数を Q_3 とする. これと最小値（Min）, 最大値（Max）を合わせた5個の値から作った次の図を**箱ひげ図**という.

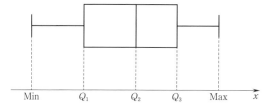

(3) **範囲・四分位範囲**

データの最大値と最小値の差を**範囲**といい，第3四分位数 Q_3 と第1四分位数 Q_1 の差 Q_3-Q_1 を**四分位範囲**といい，それを2で割った値 $\dfrac{Q_3-Q_1}{2}$ を四分位偏差という．

3 **平均・分散・標準偏差**

n 個のデータ $x_1,\ x_2,\ \cdots,\ x_n$ の平均を $\overline{x}$ とするとき，

$$s^2=\frac{1}{n}\sum_{k=1}^{n}(x_k-\overline{x})^2=\frac{1}{n}\{(x_1-\overline{x})^2+(x_2-\overline{x})^2+\cdots+(x_n-\overline{x})^2\}$$

を**分散**という．展開して整理すると，分散 s^2 は，

$$s^2=\frac{1}{n}\sum_{k=1}^{n}x_k{}^2-\overline{x}^2=\frac{1}{n}(x_1{}^2+x_2{}^2+\cdots+x_n{}^2)-\overline{x}^2=\overline{x^2}-\overline{x}^2$$

と表すこともできる．ここで，$\overline{x^2}$ はデータ x の値の2乗の平均を表す．

分散の平方根 $s\ (s\geqq0)$ を**標準偏差**という．

4 **共分散・相関係数**

2つの変量 $x,\ y$ の n 個のデータの組 $(x_1,\ y_1),\ (x_2,\ y_2),\ \cdots,$ $(x_n,\ y_n)$ に対して，$x,\ y$ の平均値をそれぞれ $\overline{x},\ \overline{y}$ とするとき，

$$s_{xy}=\frac{1}{n}\sum_{k=1}^{n}(x_k-\overline{x})(y_k-\overline{y})$$

$$=\frac{1}{n}\{(x_1-\overline{x})(y_1-\overline{y})+(x_2-\overline{x})(y_2-\overline{y})+\cdots+(x_n-\overline{x})(y_n-\overline{y})\}$$

を**共分散**という．$x,\ y$ の標準偏差をそれぞれ $s_x,\ s_y$ とするとき，

$$r=\frac{s_{xy}}{s_x s_y}$$

$$=\frac{(x_1-\overline{x})(y_1-\overline{y})+(x_2-\overline{x})(y_2-\overline{y})+\cdots+(x_n-\overline{x})(y_n-\overline{y})}{\sqrt{(x_1-\overline{x})^2+(x_2-\overline{x})^2+\cdots+(x_n-\overline{x})^2}\sqrt{(y_1-\overline{y})^2+(y_2-\overline{y})^2+\cdots+(y_n-\overline{y})^2}}$$

を**相関係数**という．

問題A

178 以下の 12 個のデータについて，次の問いに答えよ．

63 90 75 87 60 74 95 68 80 45 82 72

(1) このデータの第 1 四分位数，第 2 四分位数（中央値），第 3 四分位数を求めよ．

(2) このデータの範囲，四分位範囲，四分位偏差を求めよ．

(3) このデータに最もあてはまる箱ひげ図を下図の A，B，C の中から 1 つ選べ．

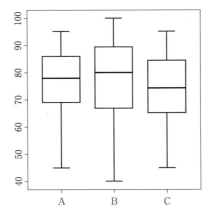

（広島工大）

179 ある学校で 100 点満点の数学のテストを行うことになった．まず 10 人の教員で解いてみたところ，その得点のヒストグラムは右のようになった．ただし，得点は整数値とする．このデータの平均値は ☐ 点，中央値は ☐ 点，最頻値は ☐ 点，分散は ☐ である．

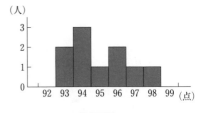

（慶応大　看護医療）

180　次のデータは，ある製品の 1 日当たりの売上個数を 5 日間にわたって調べたものであり，その平均は 88 である．

$$97 \quad 88 \quad 75 \quad 79 \quad x$$

このとき，$x = \boxed{}$ である．さらに，これらの 5 個の値からなるデータの標準偏差を求めると $\boxed{}$ である．

（南山大　理工）

181　100 人のテストの得点のデータをみると，25 人が 0 点，75 人が 100 点であった．このデータの平均値と標準偏差を求めよ．

（早稲田大　政経）

182　A，B，C，D，E の 5 人について 2 つの変量 x，y を測定した結果を次の表に示す．

	A	B	C	D	E
x	3	4	5	6	7
y	8	6	10	14	12

このとき，x と y の共分散は $\boxed{}$ であり，相関係数は $\boxed{}$ である．

（南山大　理工）

問題B

183　$a < b$ とする．a，b を含む 10 個の数値からなるデータがある．

$$34, \quad 29, \quad 85, \quad 26, \quad 73, \quad 62, \quad 91, \quad 47, \quad a, \quad b$$

このデータについて，中央値が 60，第 3 四分位数が 75 であるとき，$a = \boxed{}$，$b = \boxed{}$ である．

（立教大　理）

184　10 人の高校 3 年生の男子生徒の体重のデータがあり，平均値を求めると 65 kg で分散は 39 であった．その後，データに誤りがあることが分かり，1 つのデータが 73 kg とあったのが 83 kg が正しいと修正された．正しいデータについて平均値を求めると □ kg であり，分散も計算し直すと □ となる．

（南山大　全学部）

185　20 個の値からなるデータがある．そのうちの 15 個の値の平均値は 10 で分散は 5 であり，残りの 5 個の値の平均値は 14 で分散は 13 である．このデータの平均値と分散を求めよ．

（信州大　医）

186　n 個の値からなるデータがあり，データの値の総和が 4，データの値の 2 乗の総和が 26，データの分散が 3 であるとする．このとき，データの個数 n は □ である．

（立教大　経済）

187　15 個の実数 x_1, x_2, $\cdots$, x_{15} からなるデータがある．このデータの平均値を $\overline{x}$，標準偏差を s とする．
(1)　$|x_i - \overline{x}| > 4s$ を満たす x_i は存在しないことを証明せよ．
(2)　$|x_i - \overline{x}| > 2s$ を満たす x_i の個数は 3 以下であることを証明せよ．

（一橋大　経済）

MEMO

第8章　総合演習

188　n を 2 以上の自然数とするとき，n^4+4 は素数にならないことを示せ.

（宮崎大　農・教育）

189　a, b は正の整数とする.　$\sqrt{3}$ は $\dfrac{a}{b}$ と $\dfrac{a+3b}{a+b}$ の間にあることを証明せよ.

（慶應義塾大　商）

190　実数を係数とする 3 次式 $f(x)=x^3+ax^2+bx+c$ がある. 実数 α が $f(\alpha)=0$ をみたすとき，$|a|, |b|, |c|$ の最大値を M として，次の問に答えよ.
(1)　$|\alpha|^3 \leqq M(|\alpha|^2+|\alpha|+1)$ が成り立つことを示せ.
(2)　$|\alpha|-1<M$ が成り立つことを背理法によって示せ.

（東京学芸大　C類）

191　2 次方程式 $x^2-ax+2b=0$ において，a, b は 1 桁の自然数であり，2 つの解 α, β は，$1<\alpha<2$, $5<\beta<6$ をみたすとする. このとき，a, b の値を求めよ.

（西南学院大　文）

192　a, b を実数の定数とし，実数の集合 A, B を
$$A=\{x \mid x^2+ax+b=0\}, \quad B=\{x \mid x^2+bx+a=0\}$$
とする. 集合 $A \cap B$ が，ただ 1 つの要素よりなるときの a と b の関係を求め，それを図示せよ.

（早稲田大　商）

193　a, b を実数として $P=a^4-4a^2b+b^2+6b$ とおく.

(1)　すべての実数 b に対して $P \geqq 0$ となるような a の値の範囲を求めよ.

(2)　すべての実数 a に対して $P \geqq 0$ となるような b の値の範囲を求めよ.

（一橋大）

194　実数 a に対して，集合
$$\{(x, y) | y \leqq -x^2+3a, \ y \geqq x^2-ax+a\}$$
を D_a で表す.

(1)　D_a が空集合とならない a の範囲を求めよ.

(2)　$1 \leqq a \leqq 2$ をみたすすべての a に対して，つねに $(x, y) \in D_a$ となる点 (x, y) の集合を図示せよ.

（北海道大）

195　$(x+y+z)^{88}$ の展開式の同類項は何種類あるか.

（明治大　工）

196　n を整数とする. 方程式 $x^2-y^2=n$ が整数解 x, y をもつためには，n が奇数または 4 の倍数であることが必要かつ十分であることを証明せよ.

（大阪市立大　理・工・医）

197　a, b は自然数とする. $\dfrac{1}{a}+\dfrac{1}{b}<\dfrac{1}{2}$ が成立するならば，

$\dfrac{1}{a}+\dfrac{1}{b} \leqq \dfrac{10}{21}$ が成立することを証明せよ.

（広島市立大　情報科学）

198　a, b, x, y が
$$a+b=3,\ ab=1,\ x+y=4,\ xy=2$$
をみたすとき
$$(ax+by)^3+(ay+bx)^3$$
の値を求めよ.

（学習院大　経済）

199　次の問に答えよ.

(1)　等式
$$x^4+x^2-4x-3=(x^2+a)^2-b(x+c)^2$$
が x についての恒等式であるように実数 a, b, c を定めよ.

(2)　方程式
$$x^4+x^2-4x-3=0$$
の解を求めよ.

（富山大　理〈数〉）

200　2次方程式 $x^2+(m+1)x+2m-1=0$ の2つの解が整数となるように, 整数 m を定めよ.

（中央大　法）

201　x, y はともに正の整数を表すものとする. このとき $y=\sqrt{x^2+36}$ をみたす (x, y) の組をすべて求めよ.

（北海道工業大）

202　自然数 a, b, c, d の間に次の式が成立するとする.
$$a=bd+c$$
このとき, a と b の公約数の集合を A, b と c の公約数の集合を B とすると, $A=B$ が成立することを示せ.

（愛知大　文）

203　次の問に答えよ.

(1)　自然数 n に対して n と $n+1$ の最大公約数が 1 であることを示せ.

(2)　自然数 n に対して, $n \cdot {}_{2n}C_n = (n+1) \cdot {}_{2n}C_{n-1}$ を示し, ${}_{2n}C_n$ が $n+1$ の倍数であることを示せ.

（琉球大　理）

204　実数 p, q, r が $p+q+r=1$ と $p^2+q^2+r^2=1$ を満足しているとき,

(1)　q, r を 2 つの解とする 2 次方程式 $x^2+Ax+B=0$ の係数 A, B は, それぞれ p のどんな式か.

(2)　p の最小値を求めよ.

(3)　$p \geqq q$, $p \geqq r$ としたときの p の最小値を求めよ.

（東京理科大　工）

205　実数 x, y が $x^2+y^2-2xy-4x-4y+6=0$ をみたすとき, $x+y$, xy の最小値をそれぞれ求めよ.

（同志社大　工）

206　0, 1, 1, 2, 3 の 5 個の数字を全部用いてつくられる 5 桁の数はいくつあるか.

（法政大　社会）

207　文字 a と b をいくつか並べた列のうちで, b が隣り合わないものだけを考える.

(1)　長さ 3 の列, 長さ 4 の列はそれぞれ何通りあるか.

(2)　長さ 5 の列で, a で始まる列は何通りあるか. また, 長さ 5 の列で, b で始まる列は何通りあるか.

(3)　長さ n の列の個数を $f(n)$ とするとき, $f(n+2)=f(n+1)+f(n)$ が成り立つことを示せ.

（津田塾大　学芸〈英文〉）

208　1から9までの数字が1つずつ書かれた9枚のカードが袋に入っている．その中から3枚のカードを取り出し，書かれた数字の中で，2番目に大きい数を X とする．

(1)　$X=2$ となる確率を求めよ．

(2)　$X=5$ となる確率を求めよ．

(3)　X の期待値を求めよ．

（学習院大　文）

209　0, 1, 2, 3, 4, 5, 6, 7の数字が書かれた8枚のカードがある．この8枚のカードの中から1枚取り出してもとに戻すことを n 回行う．この n 回の試行で，数字7のカードが取り出される回数が奇数である確率を p_n とするとき，p_n を n の式で表せ．

（秋田大　医）

210　正方形 ABCD を底面にもち，すべての辺の長さが2である四角錐 EABCD がある．辺 EA 上に点 P，辺 EB 上に点 Q を EP＝EQ がみたされるようにとる．P および Q から底面 ABCD に下ろした垂線の足をそれぞれ P′ および Q′ とし，正方形 ABCD の2本の対角線の交点を O とする．

(1)　$\angle \text{PAO} = \boxed{}^{\circ}$ である．

(2)　四角形 PP′Q′Q の面積は，EP＝$\boxed{}$ のとき最大値 $\boxed{}$ をとる．

(3)　(2)の場合 $\cos \angle \text{POQ} = \boxed{}$ である．

（上智大　文〈心理〉）

211　C_1, C_2, C_3 は，半径がそれぞれ a, a, $2a$ の円とする．いま，半径1の円 C にこれらが内接していて，C_1, C_2, C_3 は互いに外接しているとき，a の値を求めよ．

（名古屋大　理系）

MEMO

答えとヒント

第1章　数と式

1　式と計算

1 (1) $(2x+y-1)(x-3y+4)$
(2) $(x+2)(x-3)(x^2-x-8)$
(3) $(a-b)(b-c)(c-a)$

(ヒント) (1) x について整理する.
(2) $(x-4)(x+3)\times(x-2)(x+1)$ と組み合わせて, $x^2-x=X$ とおく.
(3) 1つの文字について整理する.

2 1

(ヒント) $x=2-\sqrt{3}$ より $(x-2)^2=3$
これから, $x^2-4x+1=0$ となる.

3 (1) 11　(2) 36

4 順に 7, 18

(ヒント) $\left(x+\dfrac{1}{x}\right)^2$, $\left(x+\dfrac{1}{x}\right)^3$ などの展開式を考える.

5 順に 23, $\dfrac{23}{15}$

6 2

(ヒント) z を消去する.

7 順に $\sqrt{3}-1$, $\dfrac{8}{13}$

8 (1) ±18　(2) ±123

(ヒント) まず $x+\dfrac{1}{x}=t$ の値を求める.

9 順に $2\sqrt{2}$, 3, $-2\sqrt{2}$, $-22\sqrt{2}$

(ヒント) $x+y=a$, $xy=b$ とおいて, a, b の連立方程式をつくる.

10 (1) -3　(2) 4　(3) 13

(ヒント) x, y, z の対称式である. (3)は
$$(x^2+y^2+z^2)^2$$
の展開を考える.

2　命題と論証

11 順に
$$\dfrac{-1-\sqrt{5}}{2}<x\le2,\quad \dfrac{-1-\sqrt{5}}{2}<x<-1$$

12 (1) ある実数 x について
$$x^2-x+\dfrac{1}{4}\le0 \quad (真)$$

(2) $ab\le0$ または $a+b<1$

(3) $xy\le0$ ならば $(x\le0$ または $y\le0)$ である

13 順に 必要, 十分

14 省略

(ヒント) (1) 対偶を示す. あるいは背理法でもよい.
(2) 背理法を用いる. $\sqrt{2}$ が有理数であると仮定すれば, $\sqrt{2}=\dfrac{n}{m}$ と既約分数の形で表されるはずである. これから矛盾を導く.

15 省略

(ヒント) 対偶は「m が3の倍数でないならば, m^2 は3の倍数でない」となる. これを示せばよい.

16 (1) 真　(2) 偽　(3) 偽
(理由) 省略

(ヒント) (1)は背理法で証明する. (2), (3)は反例をつくる.

17 (1) $0<\alpha<3$　(2) $\dfrac{3}{19}<\alpha<1$

(ヒント) A が成立する xy 平面上の領域の図をかいて考える.

3　整数

18 順に 48, 18600

(ヒント) 5400を素因数分解して考える.

19 3, 7, -3, 1

(ヒント) $\dfrac{2n+1}{n-2}=2+\dfrac{5}{n-2}$ である.

20 省略

(ヒント) a を3で割った余りが0, 1, 2のどれであるかで分類する. 別法として, a^3-a が3の倍数であることを示してもよい.

21　$(x, y)=(1, 1), (4, 2)$

ヒント　次の等式を利用する.
$$xy+bx+ay+ab=(x+a)(y+b)$$

22　$(x, y)=(p+1, p^2+p), (2p, 2p),$
$(p^2+p, p+1)$

ヒント　両辺に pxy を掛けて分母を払う.

23　順に 3, 4, 3, 7, 4, 9

24　(1) $n(n-1)(n+1)(n^2+1)$

(2) 省略

ヒント　(2) $n=5k+r\ (0\leqq r<5)$
とおいて, r の値で場合分けする.

25　$15k+7$（k は 0 以上の整数）

ヒント　求める整数を N とすると,
$$N=3x+1,\ N=5y+2$$
と表される. ここで, x, y は整数である.

26　$(x, y)=(-2, 3), (-4, 3),$
$(4, -3), (2, -3)$

ヒント　x, y いずれに関しても 2 次である. 例えば x についての 2 次方程式とみて解く. x, y が実数であることから, ［判別式］$\geqq 0$ であるので, 有限個に絞りこむことができる.

27　$x=2,\ y=3,\ z=6$

ヒント　$0<x<y<z$ から $\dfrac{1}{x}>\dfrac{1}{y}>\dfrac{1}{z}$

となることに注意すれば, x についての不等式がつくられ, $x<3$ が導かれる.

28　(1) $(x, y)=(8, 3), (5, 4)$

(2) $(x, y, z)=(8, 3, 1), (5, 4, 1),$
$(4, 2, 2)$

ヒント　(2) $x\geqq y\geqq z$ を利用して z に関する不等式をつくり, z の範囲を絞りこむ.

29　省略

ヒント　(1) n を 3 で割った余りで分類する.

(2) 背理法を用いる. (1) に結びつけることを考える.

第2章　2次関数

4　2次方程式

30　$m<-1$ または $m>2$

31　順に 44, 272, 1736

ヒント　解と係数の関係を使う.

32　$p\leqq-\dfrac{2}{3}$

ヒント　2解 α, β について,
$$|\alpha-\beta|=\sqrt{(\alpha-\beta)^2}$$
$$=\sqrt{(\alpha+\beta)^2-4\alpha\beta}$$

33　$p=0,\ q=-4$

ヒント　解と係数の関係を使って, α, β, p, q に関する連立方程式をつくる.

34　$7\leqq m\leqq 16$

ヒント　$|\alpha|+|\beta|\leqq 6$ を 2 乗して,
$$\alpha^2+\beta^2+2|\alpha\beta|\leqq 36$$
と変形する.

35　(1) $k=1$　　(2) $-\dfrac{5}{3}\leqq x\leqq 1$

ヒント　(2)は(1)を一般化して, α が 1 つの解となる k を求めることを考える. k が実数値で求められれば, α はめでたく実数解のとりうる値の範囲に入ることになる.

5　2次関数と不等式

36　$-2<x<\dfrac{1-\sqrt{13}}{2}$

37　$a=-1,\ b=6$

ヒント　$y=ax^2+x+b$ のグラフを考える.

38　順に 0, 3

39　最大値 -6, 最小値 $-\dfrac{73}{8}$

40　(1) 最大値 $14-12a$, 最小値 2

(2) 最大値 $14-12a$, 最小値 $2-3a^2$

(3) 最大値 2, 最小値 -1

(4) 最大値 2, 最小値 $2-3a^2$

(5) 最大値 2, 最小値 $14-12a$

ヒント　グラフの軸と区間の位置関係に注意して, $0\leqq x\leqq 2$ での y の増減, 端点

$x=0$, 2 での y の値の大小を調べる.

41 $y=x^2+5x$

ヒント もとの放物線は $y=x^2+ax$ とおける.これを x 軸の正の方向に p だけ平行移動して得られる放物線の方程式を求める.

42 $0<a<1$

ヒント $y=x^2-2ax+a-1$ のグラフをかいて考える.

43 (1) $-1<m<3$

(2) $-\dfrac{3}{2}<m<3$

ヒント (最小値)>0 となる条件を求めればよい.(2)ではグラフの軸の位置によって場合分けをする.

44 (1) $m=\begin{cases} a^2+a & (a\le 0) \\ -a^2+a & (0<a<3) \\ a^2-11a+18 & (a\ge 3) \end{cases}$

(2) $M=\begin{cases} a^2-11a+18 & \left(a\le \dfrac{3}{2}\right) \\ a^2+a & \left(a\ge \dfrac{3}{2}\right) \end{cases}$

ヒント (1) グラフの軸の位置に注意して場合分けをする.

(2) $f(0)$ と $f(3)$ の大小が軸の位置とどう関係するか考える.

6 いろいろな方程式

45 $x=1$, $-5+\sqrt{6}$

ヒント (その1) x^2+6x+8 の正負で場合分けする.

(その2) $|A|=B$ は,$A=\pm B$ かつ $B\ge 0$ と同値である.

46 $c>\dfrac{33}{4}$ のとき 2個

$c=\dfrac{33}{4}$ のとき 3個

$8<c<\dfrac{33}{4}$ のとき 4個

$c=8$ のとき 3個

$-12<c<8$ のとき 2個

$c=-12$ のとき 1個

$c<-12$ のとき 0個

ヒント 方程式を
$$|x^2-x-6|-4x=c$$
の形にかいて,左辺の関数のグラフを利用する.

47 $\pm 2\sqrt{2}$

ヒント y を消去して x の2次方程式をつくる.

48 $(x, y)=(0, -1)$, $(-1, 0)$

ヒント X, Y を求めたあとは,解と係数の関係によって,t の2次方程式
$$t^2-Xt+Y=0$$
を解けば,x, y が求められる.

49 $c>4-2\sqrt{2}$ のとき 2個

$c=4-2\sqrt{2}$ のとき 3個

$-\dfrac{1}{2}<c<4-2\sqrt{2}$ のとき 4個

$c=-\dfrac{1}{2}$ のとき 3個

$c<-\dfrac{1}{2}$ のとき 2個

ヒント $y=cx+1$ のグラフがつねに定点 $(0, 1)$ を通ることに注目して,グラフをかいて考える.

50 順に $t^2-6t+8=0$, 0, 2, 4, 1, $2\pm\sqrt{3}$

ヒント 方程式の両辺を x^2 で割る.

51 $p=-\dfrac{3}{2}$, $x=-\dfrac{1}{2}$ または

$p=-1$, $x=0$, 1

ヒント 2つの方程式を x, p に関する連立方程式とみればよい.x の次数を下げる.

7 2次方程式の解の分離

52 $-1<k<2$

ヒント グラフをかいて,$x=1$ での値に着目する.

53 $2<k\le 3$

ヒント グラフをかいて,$x=0$ での y の値,軸の位置,判別式に着目する.

54 (1) $\dfrac{3}{2}<m\le \dfrac{5}{2}$

(2) $-\dfrac{3}{2}<m<\dfrac{3}{2}$

55　順に 4, 13

ヒント　グラフが x 軸の x>1 の部分と
2点で交わるかあるいは接すればよい.
軸の位置, 判別式, x=1 での y の値の
正負などを考える.

56　−1<a<0

ヒント　グラフをかいて, x=1, x=−2
での y の値の正負に着目する.

57　3−√2<a<2

ヒント　2次関数
$$f(x)=x^2-2(a-1)x+(a-2)^2$$
のグラフを考えて, f(0), f(1), f(2)
の正負に着目する.

58　$\begin{cases} b\le \dfrac{a^2}{4}, \ 0\le a\le 2, \\ b\ge 0, \ b\ge a-1 \end{cases}$

（図は省略）

ヒント　$f(x)=x^2-ax+b$ のグラフを
かき, 軸の位置, 判別式, f(0) と f(1)
の正負を考える.

59　$\begin{cases} a\ge 0 のとき \quad b<0 \\ a<0 のとき \quad b\le \dfrac{a^2}{4} \end{cases}$

（図は省略）

ヒント　$f(x)=x^2+ax+b$ のグラフの
軸である直線 $x=-\dfrac{a}{2}$ の位置で場合分
けする.
$-\dfrac{a}{2}\le 0$ の場合は x>0 において f(x)
は単調に増加する.

60　$2<p<\dfrac{2+2\sqrt{7}}{3}$

ヒント　$x^2=t$ とおくと, x の4次方程式
は t の2次方程式になる. その解を
$t=\alpha, \beta$ とすれば, $x=\pm\sqrt{\alpha}, \pm\sqrt{\beta}$
となる.

8　最大・最小と存在範囲

61　$x-y=\dfrac{k}{2}$ のときに最大値 $\dfrac{k^2}{4}$ をと
る.

ヒント　y を消去すれば, x の2次関数に
なる.

62　順に 0, 1, 4, 0, −1, −4

ヒント　$x=\pm\sqrt{1-y^2}(-1\le y\le 1)$ を 代
入して x を消去すれば, y の2次関数に
なる.

63　順に −1, −1, 1, 5

64　最小値 −1 (x=4, y=2)

ヒント　まず y を固定して, x についての
2次関数とみなす.

65　順に 1+√2, 1−√2

ヒント　直線 x+y=k が円 $x^2+y^2=2x$
と共有点をもつような k の範囲を求め
る.

66　最小値 $\dfrac{2}{3}$

ヒント　まず x, y のうち1つを固定して,
1変数の関数にする.

67　x+y≦4

ヒント　x+y=k とおく. これと
$\dfrac{1}{x}+\dfrac{1}{y}=1$ を連立したときに, 正の数 x,
y が存在するような k の条件を求める.

68　(1) $v=u^2-3$
(2) $-2\le u\le 2$
(3) $-\dfrac{13}{4}\le x+xy+y\le 3$

ヒント　(1) $x^2+xy+y^2=(x+y)^2-xy$
(2) x, y が実数になる条件から u の範
囲が求められる.
(3) u の2次関数に帰着される.

69　$\begin{cases} y\ge \dfrac{x^2}{2} \\ y\le (x+1)^2+1 \\ y\le (x-1)^2+1 \\ -2\le x\le 2 \end{cases}$

（図は省略）

第3章　個数の処理

9　場合の数

70　(1) 24 通り

(2) 6 通り

(3) 12 通り

ヒント 樹形図の考え方を適用する.

71 (1) 順に 66, 40, 28

(2) 順に 13, 1

(3) 順に 93, 108

ヒント (3)はベン図をかいて考えるとよい.

72 順に 2^n, 3^n

ヒント 集合 X の要素1つ1つについて,それが部分集合に入るか否かを考えて,部分集合の選び方との1対1の対応をつくる.

73 (1) 67 (2) 20 (3) 54

74 順に 600, 201354, 312

75 $3^n - 3 \cdot 2^n + 3$

ヒント 1を含む数字の全体を A, 2を含む数字の全体を B, 3を含む数字の全体を C などとおいて,ベン図をかいて考える.包除原理が適用できる.

76 (1) $n(n-4)$ 個

(2) $\dfrac{1}{6}n(n-4)(n-5)$ 個

10 順列と組合せ

77 (1) 120 通り (2) 20 通り

ヒント (2)は,まずA, C, Eの位置を決めることから考える.

78 720 通り

ヒント まず女子3人をひとかたまりにして,1つのものと考える.

79 (1) 360 通り (2) 240 通り

ヒント (2)は補集合を考えるとよい.Oが2文字続く順列を考えて,全体から除く.

80 (1) 5040 通り (7! 通り)

(2) 10080 通り (7!×2 通り)

(3) 8640 通り (6!×6×2 通り)

ヒント (2) ab あるいは ba を1つのものと考える.

(3) $a\square b$ あるいは $b\square a$ を1つのもの

と考える.

81 (1) 10080

(2) 順に 2520, 720

(3) 5760

(4) 840

82 18 通り

83 (1) 27720

(2) 34650

(3) 5775

(4) 1485

84 2880 通り

85 (1) 252 (2) 28 (3) 16

ヒント (2) 1つしかない透明な玉を先頭として1列に並べることと1対1に対応する.

(3) (2)で考えた円順列のうち,裏返しして重なるものを同一視する.

11 組合せの種々の問題

86 (1) 210 通り (2) 70 通り

87 96 通り

ヒント 補集合を考える.AからBへの最短の道順のうち,X印を通るものを除けばよい.

88 10 通り

89 (1) 84 (2) 72

90 (理由) 省略 56 通り

91 (1) 21 (2) 330 通り

92 280

93 (1) 2^n (2) 3^n

ヒント 二項定理を利用する.$(a+b)^n$ の展開式をかいて,a, b に適当な値を代入することを考える.

94 60

95 94 通り

ヒント AからBへの最短の道順全体を考え,そのうち,Pを通るものの全体を X, Qを通るものの全体を Y とする.求めるものは,$n(X \cup Y)$ となる.包除原理を用いる.

96 850 通り

97　89 通り

98　44 個

99　省略

100　(1)　$A(1)=1$, $A(2)=2$, $A(3)=4$,
　　　　　　$A(4)=7$, $A(5)=13$

　　　　(2)　$A(n)=A(n-1)+A(n-2)$
　　　　　　　　　　$+A(n-3)$

　　　　(3)　$A(10)=274$

第4章　確　率

12　事象と確率

101　(1)　$\dfrac{1}{6}$　　(2)　$\dfrac{1}{6}$

102　$\dfrac{4}{7}$

103　(1)　$\dfrac{7}{45}$　　(2)　$\dfrac{8}{15}$

104　(1)　$\dfrac{1}{216}$　　(2)　$\dfrac{1}{8}$　　(3)　$\dfrac{19}{216}$

ヒント　(2)　$X \leqq 3$ になるのは, サイコロ
の目が 3 回とも 3 以下の場合である.
(3)　$X \leqq 3$ となる場合から $X \leqq 2$ とな
る場合を除けばよい.

105　(1)　$\dfrac{25}{36}$　　(2)　$\dfrac{35}{36}$

ヒント　(2)　確率の加法定理（場合の数に
おける包除原理に対応する）を利用する.

106　$\dfrac{5}{6}$

ヒント　余事象を考える.

107　$\dfrac{6^n-5 \cdot 2^n+4}{6^n}$

ヒント　余事象を考える方が楽.

108　(1)　$P(A)=1-\left(\dfrac{5}{6}\right)^n$

　　　　　　$P(B)=1-\left(\dfrac{1}{2}\right)^n$

　　　　　　$P(C)=\left(\dfrac{1}{3}\right)^n$

　　　　(2)　$P(A \cup B)=1-\left(\dfrac{1}{3}\right)^n$

　　　　(3)　$P(A \cap \overline{B})=\left(\dfrac{1}{2}\right)^n-\left(\dfrac{1}{3}\right)^n$

　　　　(4)　$P(A \cap B)=1+\left(\dfrac{1}{3}\right)^n$
　　　　　　　　　$-\left(\dfrac{1}{2}\right)^n-\left(\dfrac{5}{6}\right)^n$

109　(1)　$p_n=\dfrac{(n-1)(n-2)(19-n)}{7752}$
　　　　　　　　　　$(1 \leqq n \leqq 19)$

　　　　(2)　$n=13$

ヒント　p_n の増減を調べるには, 差
$p_{n+1}-p_n$ と 0 との大小, あるいは比
$\dfrac{p_{n+1}}{p_n}$ と 1 との大小を考える.

13　独立試行

110　順に　$\dfrac{1}{1296}$, $\dfrac{671}{1296}$

ヒント　少なくとも 1 回 6 の目が出る確率
は, 余事象を考える方が簡単.

111　$\dfrac{40}{243}$

112　(1)　$\dfrac{1}{8}$　　(2)　$\dfrac{5}{16}$

ヒント　(2)　優勝するチームからみて, 5
試合目までの結果は 3 勝 2 敗となる. こ
れは反復試行で計算できる.

113　(1)　$\dfrac{1}{3}$　　(2)　$\dfrac{4}{27}$

114　(1)　35 通り　　(2)　約 0.71

115　(1)　$\dfrac{102-k}{5k}$　　(2)　$k=16$, 17

116　省略

ヒント　事象 A がちょうど k 回起こる確
率を求め, 偶数の k について総和すれ
ばよい. 二項定理を利用する.

14　条件つき確率

117　$\dfrac{2}{5}$

ヒント　条件つき確率の式
$P_A(B)=\dfrac{P(A \cap B)}{P(A)}$ を用いる.

118 $\dfrac{1}{2}$

ヒント 1番目より2番目の玉が重いという事象を A，2番目の玉が最も重いという事象を B として，条件つき確率 $P_A(B)$ を求める．

119 (1) $p=\dfrac{1}{3}$ (2) $q=\dfrac{2}{7}$

120 (1) $P(A)=\dfrac{1}{2}$, $P(B)=\dfrac{1}{3}$,

$P(A\cap B)=\dfrac{1}{6}$

(2) 独立である．

ヒント (2) $P(A\cap B)=P(A)P(B)$ が成り立てば，A と B は独立である．

121 $\dfrac{1}{3}$

ヒント カードと面を無作為に決めるから，根元事象は全部で6個となる．そのうち，選んだ面が赤である事象を A，選んだ面の裏が白である事象を B として，条件つき確率 $P_A(B)$ を求める．

122 (1) $P(E)=\dfrac{1}{2}$, $P(F)=\dfrac{1}{2}$,

$P(G)=\dfrac{1}{4}$, $P(E\cap F)=\dfrac{3}{8}$,

$P(E\cap G)=\dfrac{1}{8}$

(2) 独立でない．

(3) 独立である．

123 $\dfrac{20}{61}$

ヒント どこかの家に帽子を忘れるという事象を X，2軒目の家に帽子を忘れるという事象を Y として，条件つき確率 $P_X(Y)$ を求める．

124 (1) 0.062 (2) 0.31

ヒント まず，無作為に選んだ人に対して，

A：X にかかっている

B：X 以外の病気にかかっている

C：全くの健康である

の3つの状態（事象）がある．また，無作為に選んだ人に対して，

D：X と診断される

という事象がある．(2)は，条件つき確率 $P_D(A)$ を求めればよい．

15 期待値

125 7

126 (1) $\dfrac{1}{4}$ (2) $\dfrac{91}{36}$

127

x	0	1	2	3
$P(x)$	$\dfrac{1}{56}$	$\dfrac{15}{56}$	$\dfrac{30}{56}$	$\dfrac{10}{56}$

平均値 $\dfrac{15}{8}$

128 (1) $\dfrac{(j-1)(j-2)}{40}$

(2) $\dfrac{21}{4}$

129 (1) $\dfrac{2}{3}$ (2) $\dfrac{35}{36}$ (3) $\dfrac{49}{36}$

ヒント (2) $X\leqq 2$ の余事象は $X=3$ となる．余事象の方が簡単に求められる．

130 $\dfrac{2(n+1)}{3}$

131 (1) $\dfrac{1}{4}$ (2) $\dfrac{1}{12}$ (3) $\dfrac{13}{4}$

132 $\dfrac{\sqrt{3}}{4}$

ヒント 選んだ3点を頂点とする三角形の形状で分類する．面積0の場合を除くと3種類の三角形しかできない．

第5章 図形と計量

16 三角比

133 $\cos\theta=-\dfrac{2\sqrt{2}}{3}$, $\tan\theta=-\dfrac{1}{2\sqrt{2}}$

134 順に $-\dfrac{1}{3}$, $\dfrac{4\sqrt{3}}{9}$, -3

ヒント $\sin\theta$ と $\cos\theta$ の対称式である．

135 順に $\dfrac{3\sqrt{15}}{16}$, $\dfrac{\sqrt{15}}{6}$

ヒント　正弦定理，余弦定理などを用いる．
内接円の半径は，面積と関係づける．

136　順に
$$3(\sqrt{6}-\sqrt{2}),\ 9-3\sqrt{3},\ 3\sqrt{2}-\sqrt{6}$$

ヒント　正弦定理を用いる．

137　$\sin\theta=\dfrac{\sqrt{6}+\sqrt{2}}{4}$

$\cos\theta=-\dfrac{\sqrt{6}-\sqrt{2}}{4}$

ヒント　$\sin^2\theta+\cos^2\theta=1$ と連立する．

138　(1) $60°$　(2) 7　(3) $\dfrac{7}{\sqrt{3}}$

ヒント　$\angle A+\angle C=180°$ である．
三角形 ABD と三角形 BCD に余弦定理
を適用する．

139　(1) $a=b$ の二等辺三角形，また
は，$\angle C=90°$ の直角三角形．

(2) $30°$

ヒント　余弦定理を用いて，a, b, c だ
けの関係式をつくる．

17　図形の計量

140　順に $17<a<49$, $a=21,\ 41$

ヒント　三角不等式を利用する．

141　(1) $\dfrac{\sqrt{3}}{4}bc$　(2) $\dfrac{\sqrt{3}\,bc}{b+c}$

ヒント　(2) 三角形 ABP と三角形 ACP
の面積を AP で表して，(1)で求めた
三角形 ABC の面積と関連づける．

142　順に $\dfrac{3}{4},\ 3\sqrt{7},\ \dfrac{3\sqrt{7}}{7}$

ヒント　$\cos A$ は余弦定理で求める．
$\sin A$ がわかれば S は計算できる．
内心を I として，△ABC の面積を，
△IBC，△ICA，△IAB の和として表
すことにより，r は求められる．

143　省略

ヒント　(2) 余弦定理を用いて，
$\sin^2\theta=1-\cos^2\theta$ を a, b, c で表す．

144　$\dfrac{2\sqrt{2}}{3}$

ヒント　頂点 O から三角形 ABC に垂線
OH を下ろす．平面 OMC による断面を
考えて，OM，OH の長さを求める．

145　(1) 順に $108°$, $36°$, $36°$

(2) $x^2-ax-a^2=0$

(3) $x=\dfrac{1+\sqrt{5}}{2}a$

ヒント　誘導に従って角度を求めていく
と，相似三角形や二等辺三角形が見えて
くる．あとは，相似の関係式をつくればよい．

146　順に $\dfrac{\sqrt{10}}{4},\ \dfrac{15\sqrt{15}}{8}$

ヒント　$AB:AC=BD:CD$ である．

147　(1) $h=\sqrt{\dfrac{A^2}{\pi^2 r^2}-\dfrac{2A}{\pi}}$

(2) $V=\dfrac{1}{3}\sqrt{A^2 r^2-2\pi A r^4}$

V の最大値 $\dfrac{1}{3}\sqrt{\dfrac{A^3}{8\pi}}$

ヒント　(1) 側面の展開図（扇形になる）
を考える．扇形の弧長と底面の円周の長
さが同じであることから関係式をつくる．

148　(1) $DE=\dfrac{\sqrt{13}}{2}$, $AE=\dfrac{\sqrt{33}}{2}$

(2) $\dfrac{\sqrt{101}}{4}$

ヒント　(1) 三角形 BDE と三角形 ABE
に余弦定理を適用する．

第6章　平面図形

18　三角形

149　省略

ヒント　点 A から直線 BC に垂線 AH を
下ろし，ピタゴラスの定理（三平方の定
理）を用いる．

150　$\dfrac{32}{11}$

ヒント　角の二等分線と内分比の関係を利
用する．

151　$9:2$

ヒント　チェバの定理を利用する．

152 $\dfrac{3}{7}\sqrt{3}$

ヒント 三角形 ABQ と直線 PC に対して
メネラウスの定理を適用する. 三角形
CPB と直線 AQ に対してメネラウスの
定理を適用してもよい.

153 $\dfrac{\sqrt{2}}{6}$

ヒント 三角形 ABC は二等辺三角形なの
で, 辺 BC の中点を M とすれば, AM
は BC に垂直であり, G と I はともに
AM 上にある. 重心の性質, 内心の性
質から,

$$\text{AG} : \text{GM}, \quad \text{AI} : \text{IM}$$

を求めるとよい.

154 $2 : 1$

ヒント 三角形 GOM と三角形 GHA が相
似であることを示す.

155 省略

ヒント CM : CN = MB : BN
を示せば, 線分 CB が ∠MCN の二等
分線であることが言える.

156 省略

ヒント (1) 背理法による. チェバの定理
を利用する.
(2) メネラウスの定理を用いる.

157 省略

ヒント 「メネラウスの定理の逆」を用いる.

19 円

158 省略

ヒント 円周角の定理などを利用して,
$$\triangle\text{BHD} \equiv \triangle\text{BED}$$
を示す.

159 $R = \sqrt{pq}$

ヒント 三角形 ABC の 3 辺の長さと 3 つ
の内角を適当に記号でおく. 正弦定理を
使って, 半径 R, p, q を三角形 ABC
の辺と内角で表す. ここで接弦定理を使
うとよい. あとは, R, p, q 以外の文
字を消去して関係式をつくればよい.

160 省略

ヒント P と円の中心を結ぶ直線を引いて,
方べきの定理を使う.

161 省略

ヒント 円に内接する四角形の性質を使っ
て, 等しい角を書き込んでいくとよい.

162 省略

ヒント 三角形 ECD は直角三角形である
から, E を通り AB に直交する直線と
辺 CD の交点を G とおけば, G が CD
の中点とは, G が直角三角形 ECD の外
心であること, つまり,

$$\text{GC} = \text{GE} = \text{GD}$$

であることを意味する. この考えを逆に
たどって, 前記の等式を示すことを目標
とする. そのために, 三角形 GCE,
GDE が二等辺三角形であることを示す.

163 省略

ヒント (1) 方べきの定理を用いて,
MC = MD を示す.
(2) 四角形 O_1O_2DC が長方形になるこ
とを示す.

164 省略

ヒント 点 E のとり方から,
$$\triangle\text{ABE} \backsim \triangle\text{ACD}$$
$$\triangle\text{ADE} \backsim \triangle\text{ACB}$$
となることを示す. あとは辺の長さの比
が等しくなることから, 関係式をつくっ
ていく.

165 省略

ヒント 円周角の定理などを用いて,
∠PED + ∠PEF = 180° を示す.

20 平面図形の種々の問題

166 (1) $\cos^2\theta$

(2) $\dfrac{\sin^3\theta\cos^3\theta}{2(1+\cos^2\theta)}$

ヒント (1) 三角比の定義から, 長さを計
算していけばよい.
(2) 三角形 FDE と三角形 FCA が相似
であることに着目して, 線分 CF の長さ

を計算するとよい.

167　$4\sqrt{7}$

ヒント　O_2 から線分 O_1P に垂線を下ろして直角三角形をつくる. あとはピタゴラスの定理を利用すればよい.

168　順に $\sqrt{7}$, 1

ヒント　まず, 弦 ST の長さを求める. 次に PS$=x$ とおいて, 方べきの定理を用いて x がみたす方程式をつくる. 線分 RS の長さは余弦定理から求められる.

169　順に 4, 8, 11

ヒント　三角形 DAB は二等辺三角形であることに注意する. 頂点 D から底辺 AB に垂線を下ろして直角三角形をつくる. 円の問題なので, 円周角の定理と方べきの定理の利用も考えるとよい.

170　(1)　順に $\dfrac{a+b}{2}$, $\sqrt{ab}$

　　　　　　　（AP$=a$, BP$=b$ とおく）

　　　　(2)　省略

ヒント　(1)　AB は直径であるから, 三角形 ABQ は直角三角形である. P と Q を結べば相似な直角三角形ができるから, そこから関係式をつくればよい.

(2)　$\dfrac{a+b}{2}$ は半径の長さになることに注意する. 長さ $\sqrt{ab}$ の線分を考えて, 線分の長さを比較して不等式を導く.

171　$\dfrac{1}{2}$

ヒント　円 B の半径を x とおいて, 円 A と円 B の共通接線の接点間の距離を x で表す. 一方, 円 B が半円 O に内接していることから, OB の長さは x で表される.

172　省略

ヒント　円周角の定理を利用して, 等しい角を見つけて図に書き込んでいくとよい. 目標は AD と EF などが直交することであるが, そのためには, AD と EF の交点を G などとおき, 三角形 GFD が直角三角形であることを示せばよい.

173　(1)　$2\sqrt{ab}$

　　　　(2)　$\dfrac{xy}{\left(\sqrt{x}+\sqrt{y}\right)^2}$

ヒント　(1)　ピタゴラスの定理を用いる.

(2)　(1)の結果を利用して, 円と直線の接点間の距離を求める.

174　省略

ヒント　(1)　メネラウスの定理を使う.

(2)　［Ⅰ］相似な三角形を探し, (1)の結果と組み合わせてみる. ［Ⅱ］三角形 APQ の面積を2通りに表してみる.

(3)　円に内接する四角形の性質を利用して, 角度の計算を行う.

175　$1-\dfrac{2-\sqrt{2}}{2}\pi$

ヒント　3つの円の中心を結んでできる三角形を考え, 角度・長さなどを計算するとよい.

176　省略

ヒント　∠AIB が一定であることを示す.

177　(1)　$\dfrac{1+\sqrt{5}}{2}$

　　　　(2)　$\dfrac{1}{y}+\dfrac{1}{z}=\dfrac{1}{x}$

ヒント　正五角形, 正七角形はいずれも円に内接するから, 4つの頂点を選んで, この事実（トレミーの定理）を適用してみる.

第7章　データの分析

178　(1)　順に, 65.5, 74.5, 84.5

　　　　(2)　順に, 50, 19, 9.5

　　　　(3)　C

179　順に, 95, 94.5, 94, 2.6

180　順に, 101, 10

181　順に, 75, $25\sqrt{3}$

182　順に, $\dfrac{16}{5}$, $\dfrac{4}{5}$

183　順に, 58, 75

184　順に, 66, 64

185　順に, 11, 10

186 8

187 省略

第8章 総合演習

188 省略

ヒント $n^4+4=(n^4+4n^2+4)-4n^2$ に注意して因数分解してみる.

189 省略

ヒント $\dfrac{a}{b}<\sqrt{3}$ と $\dfrac{a}{b}>\sqrt{3}$ の2つの場合に分けて, $\dfrac{a+3b}{a+b}$ と $\sqrt{3}$ の大小を調べる.

190 省略

ヒント (1) 三角不等式を利用する.

191 $a=7$, $b=4$

ヒント $f(x)=x^2-ax+2b$ のグラフを考える. $f(1)$, $f(2)$, $f(5)$, $f(6)$ の正負に着目する.

192 $b=-a-1 \left(a \neq -\dfrac{1}{2}\right)$ または
$(a, b)=(0, 0)$ または
$(a, b)=(4, 4)$ (図は省略)

193 (1) $-\sqrt{3} \leq a \leq -1$, $1 \leq a \leq \sqrt{3}$
(2) $b \leq -6$ または $0 \leq b \leq 2$

194 (1) $a \leq -16$ または $a \geq 0$

(2) $\begin{cases} x^2-x+1 \leq y \leq 3-x^2 \\ \qquad (x \geq 1 \text{ のとき}) \\ x^2-2x+2 \leq y \leq 3-x^2 \\ \qquad (x \leq 1 \text{ のとき}) \end{cases}$
(図は省略)

195 4005 種類

196 省略

197 省略

ヒント $\dfrac{1}{5}+\dfrac{1}{5}=\dfrac{2}{5}<\dfrac{10}{21}$ に注意して, a, b がいずれも5以上の場合と, いずれかが4以下の場合に分けて考える.

198 792

ヒント a, b, x, y を求めることもできるが, 対称性を利用して計算するとよい.

まず $X=ax+by$, $Y=ay+bx$ とおいて, 基本対称式 $X+Y$, XY の値を求める.

199 (1) $a=1$, $b=1$, $c=2$

(2) $x=\dfrac{1\pm\sqrt{5}}{2}$, $x=\dfrac{-1\pm\sqrt{11}\,i}{2}$

ヒント (1) 右辺を展開して係数を比べる.

200 $m=1, 5$

ヒント 2解を α, β とし, 解と係数の関係から m を消去して α, β の関係式をつくる.

201 $(x, y)=(8, 10)$

ヒント 両辺を2乗して移項すると
$(y+x)(y-x)=36$
となる.

202 省略.

ヒント $A \subset B$ と $B \subset A$ の両方を示す.
$A \subset B$ を示すには, a と b の任意の公約数が c の約数にもなることを示せばよい. $B \subset A$ も同様にする.

203 省略

204 (1) $A=p-1$, $B=p^2-p$

(2) $-\dfrac{1}{3}$ (3) $\dfrac{2}{3}$

ヒント $q+r$ と qr を p で表し, 解と係数の関係を使う.
(2) p の値を1つ定めると, それに応じて q, r も定まる. p の値として許されるのは, q と r が実数値になるものだけである.
(3) 単に q, r が実数になるだけでは十分ではない. q, r がともに p 以下の値として求められるように p をとる必要がある.

205 $x+y$ の最小値 $\dfrac{3}{2}$

xy の最小値 $\dfrac{1}{2}$

ヒント x と y の対称式であることに着目し, $x+y=a$, $xy=b$ などとおく.
x, y が実数になる条件 $a^2-4b \geq 0$ を忘れないことが肝要である.

206 48 個

207 (1) 順に 5 通り，8 通り

(2) 順に 8 通り，5 通り

(3) 省略

208 (1) $\dfrac{1}{12}$ (2) $\dfrac{4}{21}$ (3) 5

209 $p_n = \dfrac{1}{2}\left\{1 - \left(\dfrac{3}{4}\right)^n\right\}$

210 (1) 45

(2) 順に 1，$\dfrac{1}{\sqrt{2}}$

(3) $\dfrac{1}{2}$

211 $a = \dfrac{4\sqrt{2} - 5}{2}$

チョイス新標準問題集

数学 I・A

五訂版　河合塾講師 矢神 毅［著］

CHOICE

解答・解説編

河合出版

もくじ

第1章　数と式

1　式と計算

1　解答

(1)
$$2x^2-5xy-3y^2+7x+7y-4$$
$$=2x^2+(-5y+7)x-3y^2+7y-4$$
$$=2x^2+(-5y+7)x-(y-1)(3y-4)$$
$$=\{2x+(y-1)\}\{x-(3y-4)\}$$
$$=\boldsymbol{(2x+y-1)(x-3y+4)}$$

(2)
$$(x-4)(x-2)(x+1)(x+3)+24$$
$$=(x-4)(x+3)\times(x-2)(x+1)+24$$
$$=(x^2-x-12)(x^2-x-2)+24$$

$x^2-x=X$ とおくと
$$=(X-12)(X-2)+24$$
$$=X^2-14X+48$$
$$=(X-6)(X-8)$$
$$=(x^2-x-6)(x^2-x-8)$$
$$=\boldsymbol{(x+2)(x-3)(x^2-x-8)}$$

(3) a に関して整理する.
$$a(b^2-c^2)+b(c^2-a^2)+c(a^2-b^2)$$
$$=(c-b)a^2+(b^2-c^2)a+bc^2-b^2c$$
$$=(c-b)a^2+(b-c)(b+c)a+bc(c-b)$$
$$=(c-b)\{a^2-(b+c)a+bc\}$$
$$=(c-b)\cdot(a-b)(a-c)$$
$$=\boldsymbol{(a-b)(b-c)(c-a)}$$

2　考え方

直接に代入してもできるが，以下の方法が簡明である．まず，x のみたす整数係数の2次方程式
$$x^2-4x+1=0$$
をつくる．これを用いると，x^2, x^3, x^4, … は，すべて x の1次式（整数係数）で表される．

解答

$x=2-\sqrt{3}$ より，$x-2=-\sqrt{3}$
2乗して，
$$(x-2)^2=3 \qquad x^2-4x+1=0$$
$$x^2=4x-1 \qquad\qquad \cdots①$$
① を繰り返し用いると，
$$x^3=x\cdot x^2=x(4x-1)=4x^2-x$$

$$=4(4x-1)-x=15x-4 \qquad \cdots②$$
①，② より
$$x^3-4x^2+x+1$$
$$=(15x-4)-4(4x-1)+x+1$$
$$=\boldsymbol{1}$$

［注］　$x^2-4x+1=0$ を利用する点では同じだが，次のような解答もある．
多項式 X^3-4X^2+X+1 を X^2-4X+1 で割ると，
$$X^3-4X^2+X+1=(X^2-4X+1)X+1$$
となる．この式に $X=x$ を代入すると，
$$x^3-4x^2+x+1=(x^2-4x+1)x+1$$
$$=0\cdot x+1=1$$

3　考え方

(1) x^2+xy+y^2 は対称式なので，まず基本対称式の $x+y$, xy の値を求める．
(2)も基本対称式 $x+y$, xy の値を求める．
また，次の等式を利用する．
$$A^2+B^2=(A+B)^2-2AB$$
$$A^3+B^3=(A+B)^3-3AB(A+B)$$

解答

(1)
$$x=\frac{\sqrt{3}-\sqrt{2}}{(\sqrt{3}+\sqrt{2})(\sqrt{3}-\sqrt{2})}$$
$$=\sqrt{3}-\sqrt{2}$$
同様に，$y=\sqrt{3}+\sqrt{2}$ である．よって，
$$x+y=2\sqrt{3}, \quad xy=1$$
これから，
$$x^2+xy+y^2=(x+y)^2-xy$$
$$=\left(2\sqrt{3}\right)^2-1=\boldsymbol{11}$$

(2) $x+y=6$, $xy=4$ である．
$$\frac{x^2}{y}+\frac{y^2}{x}=\frac{x^3+y^3}{xy}$$
であるから，分子の x^3+y^3 を求める．
$$x^3+y^3=(x+y)^3-3xy(x+y)$$
$$=6^3-3\cdot4\cdot6=144$$
よって，
$$\frac{x^2}{y}+\frac{y^2}{x}=\frac{x^3+y^3}{xy}=\frac{144}{4}=\boldsymbol{36}$$

4 　考え方

x と $\dfrac{1}{x}$ の対称式である.

恒等式
$$(A+B)^2=A^2+B^2+2AB$$
$$(A+B)^3=A^3+B^3+3AB(A+B)$$

において，$A=x$，$B=\dfrac{1}{x}$ とおいてみると
よい.

　解答

$$x^2+\frac{1}{x^2}=\left(x+\frac{1}{x}\right)^2-2$$
$$=3^2-2=\mathbf{7}$$
$$x^3+\frac{1}{x^3}=\left(x+\frac{1}{x}\right)^3-3\left(x+\frac{1}{x}\right)$$
$$=3^3-3\times3=\mathbf{18}$$

5 　考え方

a, b, c に関する対称式である. 展開の
公式
$$(a+b+c)^2=a^2+b^2+c^2$$
$$+2(ab+bc+ca)$$
を利用して，基本対称式で表してみる.

　解答

$$ab+bc+ca$$
$$=\frac{1}{2}\{(a+b+c)^2-(a^2+b^2+c^2)\}$$
$$=\frac{1}{2}(9^2-35)$$
$$=\mathbf{23}$$
である. また,
$$\frac{1}{a}+\frac{1}{b}+\frac{1}{c}=\frac{bc+ca+ab}{abc}$$
$$=\mathbf{\frac{23}{15}}$$

6 　考え方

文字の個数を減らす.

$z=\dfrac{1}{xy}$ を代入して z を消去すれば，x と y
だけの式となる.

　解答

$xyz=1$ より $z=\dfrac{1}{xy}$ である. よって,

$$\frac{2x}{xy+x+1}+\frac{2y}{yz+y+1}+\frac{2z}{zx+z+1}$$
$$=\frac{2x}{xy+x+1}+\frac{2y}{y\cdot\frac{1}{xy}+y+1}$$
$$+\frac{\frac{2}{xy}}{\frac{1}{xy}\cdot x+\frac{1}{xy}+1}$$
$$=\frac{2x}{xy+x+1}+\frac{2xy}{1+xy+x}+\frac{2}{x+1+xy}$$
$$=\frac{2(x+xy+1)}{xy+x+1}=\mathbf{2}$$

7 　考え方

有理化して整数部分がわかる形にする.
$$\sqrt{3}=1.732\cdots$$
はよく出てくるので，覚えておくとよい.

　解答

$\dfrac{2}{\sqrt{3}-1}$ を有理化すれば,

$$\frac{2}{\sqrt{3}-1}=\frac{2(\sqrt{3}+1)}{(\sqrt{3}-1)(\sqrt{3}+1)}$$
$$=\frac{2(\sqrt{3}+1)}{3-1}$$
$$=\sqrt{3}+1$$
$$=1.732\cdots+1$$
$$=2.732\cdots$$

となるから，整数部分は 2 である. つまり,
$$\alpha=2$$
である. 整数部分を引けば小数部分になるか
ら,
$$\beta=(\sqrt{3}+1)-2=\sqrt{3}-1$$
である. 以上から,
$$\alpha+\beta+3=2+(\sqrt{3}-1)+3$$
$$=4+\sqrt{3}$$
$$\alpha-\beta+1=2-(\sqrt{3}-1)+1$$
$$=4-\sqrt{3}$$
であるから,
$$\frac{1}{\alpha+\beta+3}+\frac{1}{\alpha-\beta+1}$$
$$=\frac{1}{4+\sqrt{3}}+\frac{1}{4-\sqrt{3}}$$

$$= \frac{(4-\sqrt{3})+(4+\sqrt{3})}{(4-\sqrt{3})(4+\sqrt{3})}$$

$$= \frac{8}{16-3}$$

$$= \frac{8}{13}$$

8 考え方

x と $\dfrac{1}{x}$ の対称式であるから，$t=x+\dfrac{1}{x}$ で表すことができる（**4**参照）．したがって，まず t の値を求める．

解答

(1) $t=x+\dfrac{1}{x}$ とおくと，

$$t^2 = x^2 + \frac{1}{x^2} + 2 = 7+2 = 9$$

$$t = \pm 3$$

よって，

$$x^3 + \frac{1}{x^3} = \left(x+\frac{1}{x}\right)\left(x^2+\frac{1}{x^2}\right)$$

$$- \left(x+\frac{1}{x}\right)$$

$$= t \cdot 7 - t = 6t$$

$$= \pm 18$$

(2) $x^5 + \dfrac{1}{x^5} = \left(x^2+\dfrac{1}{x^2}\right)\left(x^3+\dfrac{1}{x^3}\right)$

$$- \left(x+\frac{1}{x}\right)$$

$$= 7 \cdot 6t - t$$

$$= 41t = \pm 123$$

9 考え方

x と y の対称式であるから，基本対称式 $x+y$，xy がわかれば計算できる．そこで，まず，$x+y=a$，$xy=b$ とおいて，a，b を求める．

次に，

$$(x+y)(x^n+y^n) = x^{n+1}+y^{n+1}+xy^n+x^ny$$

$$= x^{n+1}+y^{n+1}+xy(x^{n-1}+y^{n-1})$$

を利用すれば，

$$x^n+y^n \quad (n=2, 3, 4, \cdots)$$

を次々に計算することができる．

解答

$x+y=a$，$xy=b$ とおくと，$x^2+y^2=2$ より，

$$(x+y)^2 - 2xy = 2$$

$$a^2 - 2b = 2 \qquad \cdots ①$$

また，$x^4+y^4=-14$ より

$$(x^2+y^2)^2 - 2x^2y^2 = -14$$

$x^2+y^2=2$，$xy=b$ を代入して，

$$2^2 - 2b^2 = -14 \qquad b^2 = 9$$

$b>0$ なので，$b=3$

これを ① に代入して，

$$a^2 = 2b+2 = 8$$

$$a = 2\sqrt{2} \quad (a>0 \text{ より})$$

結局，

$$x+y = 2\sqrt{2}, \quad xy = 3$$

となる．これから

$$x^3+y^3 = (x+y)(x^2+y^2)$$

$$- xy(x+y)$$

$$= 2\sqrt{2} \cdot 2 - 3 \cdot 2\sqrt{2}$$

$$= -2\sqrt{2}$$

$$x^5+y^5 = (x+y)(x^4+y^4)$$

$$- xy(x^3+y^3)$$

$$= 2\sqrt{2} \cdot (-14) - 3 \cdot (-2\sqrt{2})$$

$$= -22\sqrt{2}$$

10 考え方

x，y，z の3変数についての対称式である．基本対称式の値が与えられているから，恒等式

$$(x+y+z)^2$$

$$= x^2+y^2+z^2+2(xy+yz+zx)$$

$$x^3+y^3+z^3-3xyz$$

$$= (x+y+z)$$

$$\times (x^2+y^2+z^2-xy-yz-zx)$$

を利用すればよい．

解答

(1) $x^2+y^2+z^2$

$$= (x+y+z)^2 - 2(xy+yz+zx)$$

$$= 1^2 - 2 \cdot 2 = -3$$

(2) $x^3+y^3+z^3$

$$= (x+y+z)(x^2+y^2+z^2-xy-yz-zx)$$

$$+3xyz$$
$$=1\cdot\{(-3)-2\}+3\cdot3$$
$$=\mathbf{4}$$

(3)
$$x^4+y^4+z^4$$
$$=(x^2+y^2+z^2)^2-2(x^2y^2+y^2z^2+z^2x^2)$$
$$=9-2(x^2y^2+y^2z^2+z^2x^2)\qquad\cdots①$$

である．ここで，
$$x^2y^2+y^2z^2+z^2x^2$$
$$=(xy+yz+zx)^2$$
$$\quad-2(xy\cdot yz+yz\cdot zx+zx\cdot xy)$$
$$=(xy+yz+zx)^2-2xyz(x+y+z)$$
$$=2^2-2\cdot3\cdot1=-2$$

であるから，①に代入して，
$$x^4+y^4+z^4=9-2\cdot(-2)$$
$$=\mathbf{13}$$

2　命題と論証

11

[解答]

不等式 $x^2+x<1$ を解くと，
$$x^2+x-1<0$$
$$\frac{-1-\sqrt{5}}{2}<x<\frac{-1+\sqrt{5}}{2}$$

となる．したがって，
$$A=\left\{x\left|\frac{-1-\sqrt{5}}{2}<x<\frac{-1+\sqrt{5}}{2}\right.\right\}$$

同様に $x^2-x\leqq2$ を解くと，
$$x^2-x-2\leqq0$$
$$(x+1)(x-2)\leqq0$$
$$-1\leqq x\leqq2$$

となるから，
$$B=\{x|-1\leqq x\leqq2\}$$

である．

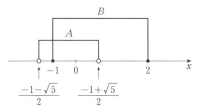

上の図より

$$A\cup B=\left\{x\left|\frac{-1-\sqrt{5}}{2}<x\leqq2\right.\right\}$$

である．次に
$$\overline{B}=\{x|x<-1\ \text{または}\ x>2\}$$

である．

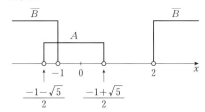

したがって，上の図のようになるから，

$$A\cap\overline{B}=\left\{x\left|\frac{-1-\sqrt{5}}{2}<x<-1\right.\right\}$$

12

[解答]

(1)「すべての実数 x について P」という命題の否定は

「ある実数 x について P でない」

あるいは同じことだが，

「P でない実数 x が存在する」

となる．よって，この場合の否定命題は，

「**ある実数 x について $x^2-x+\frac{1}{4}\leqq0$**」

あるいは

「**$x^2-x+\frac{1}{4}\leqq0$ となる実数 x が存在する**」

となる．
次に，その真偽だが，

$$x^2-x+\frac{1}{4}=\left(x-\frac{1}{2}\right)^2$$

であるから，$x=\frac{1}{2}$ のときに，この式の値は0となる．つまり

$$x=\frac{1}{2}\ \text{のときは}\ x^2-x+\frac{1}{4}=0\leqq0$$

である．よって，否定命題は**真**である．

(2)「p かつ q」の否定は

「(p でない) または (q でない)」

であるから，この場合は

「**$ab\leqq0$ または $a+b<1$**」

6

となる.
(3) 「p ならば q」の対偶は
　　「(q でない) ならば (p でない)」
である. よって, この場合,
「$xy \leqq 0$ ならば($x>0$ かつ $y>0$)ではない」
つまり
「$xy \leqq 0$ ならば($x \leqq 0$ または $y \leqq 0$)である」
となる.

13
[解　答]
$$x = \sqrt{2} \implies x^2 = 2$$
である.

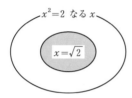

よって, $x^2 = 2$ であることは $x = \sqrt{2}$ であるための**必要条件**である.
次に,
$$x = -\sqrt{2} \implies x^2 = 2$$
である.

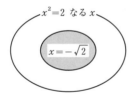

よって, $x = -\sqrt{2}$ であることは $x^2 = 2$ であるための**十分条件**である.

14　[考え方]
対偶, 背理法を用いる.
[解　答]
(1) 示すべき命題の対偶を考えると,
　　「n が奇数ならば n^2 も奇数である」
となる. これを示せばよい.
n が奇数であれば,
$$n = 2k+1 \quad (k \text{ は整数})$$
とかけるので,

$$n^2 = (2k+1)^2 = 4k^2 + 4k + 1$$
$$= 4k(k+1) + 1$$
となり, n^2 も奇数であることがわかる.
以上で証明された.
(2) 背理法で示す.
$\sqrt{2}$ が有理数であると仮定すれば,
$$\sqrt{2} = \frac{n}{m} \quad (m, n \text{ は自然数})$$
と分数の形にかける. ここで, $\dfrac{n}{m}$ はこれ以上約分できないとする (このような分数を既約分数という).
このとき,
$$\sqrt{2}\, m = n$$
$$2m^2 = n^2 \qquad \cdots ①$$
となるので, n^2 は偶数である.
(1)の結果から, n も偶数となり
$$n = 2l \quad (l \text{ は自然数})$$
とかける. これを ① に代入すると,
$$2m^2 = (2l)^2$$
$$m^2 = 2l^2$$
となり, m^2 も偶数である. 再び(1)により, m も偶数となる.
ところが, このとき, n, m はいずれも偶数なので, 分数 $\dfrac{n}{m}$ は約分されることになり, 初めの約束と矛盾する.
よって, $\sqrt{2}$ は無理数である.

15
[解　答]
示すべき命題の対偶は次である.
　　「m が3の倍数でないならば, m^2 は3の倍数でない」　　　　$\cdots (*)$
これを示せばよい.
m が3の倍数でないとすれば, 3で割った余りは1あるいは2なので,
　(i)　$m = 3k+1$ 　　$(k \text{ は整数})$
　(ii)　$m = 3k+2$
のいずれかの形である.
(i)のとき
$$m^2 = (3k+1)^2 = 9k^2 + 6k + 1$$

$$=3(3k^2+2k)+1$$

なので，m^2 を 3 で割ったときの余りは 1 である．つまり m^2 は 3 の倍数ではない．

(ii) のとき

$$m^2=(3k+2)^2=9k^2+12k+4$$
$$=3(3k^2+4k+1)+1$$

なので，m^2 は 3 の倍数ではない．

以上で，対偶をとった (*) が示された．

すなわち，もともとの命題

　「m^2 が 3 の倍数ならば，m は 3 の倍数である」

が示された．

16

[解答]

(1) **真**である．

(理由)　背理法で示す．仮に，

$$a=\sqrt{3}+\sqrt{2}$$

が有理数であるとする．すると，

$$a^2=\left(\sqrt{3}+\sqrt{2}\right)^2=5+2\sqrt{6}$$
$$\sqrt{6}=\frac{a^2-5}{2}$$

となり，a が有理数ということより，$\sqrt{6}$ も有理数ということになる．これは矛盾である．よって，

$$\sqrt{3}+\sqrt{2} \text{ は無理数である．}$$

(2) **偽**である．

(理由)　「x は無理数なのに，x^2+x は有理数」になるような x の例をつくって示す．

$$x^2+x=a$$

とおく．これをみたす x は

$$x=\frac{-1\pm\sqrt{1+4a}}{2}$$

そこで，$a=1$ とおいてみると，

$$x=\frac{-1\pm\sqrt{5}}{2}$$

となる．$\sqrt{5}$ は無理数なので，$\dfrac{-1\pm\sqrt{5}}{2}$ も無理数である．

以上で，$x=\dfrac{-1\pm\sqrt{5}}{2}$ の場合には，

$$x^2+x \text{ は有理数，} x \text{ は無理数}$$

となることがわかった．

(3) **偽**である．

(理由)　「x,y は無理数で，かつ $x+y$ も x^2+y^2 も有理数」となる例をつくって示す．カンがよい人は

$$x=\sqrt{2}, \quad y=-\sqrt{2}$$

などを思いつくであろう．思いつかなくても，以下のように地道に求めることができる．

$$\begin{cases} x+y=a & \cdots① \\ x^2+y^2=b & \cdots② \end{cases}$$

となる x,y を求めてみよう．

$①^2-②$ より

$$2xy=a^2-b$$
$$xy=\frac{a^2-b}{2} \qquad \cdots③$$

①，③ より，x,y は 2 次方程式

$$t^2-at+\frac{a^2-b}{2}=0$$

の解である．これを解くと，

$$t=\frac{a\pm\sqrt{2b-a^2}}{2}$$

となる．これが無理数となるような有理数 a,b を用意すればよい．

例えば $a=1$，$b=2$ とおけば，

$$t=\frac{1\pm\sqrt{3}}{2}$$

となり，$\sqrt{3}$ が無理数であることより，$\dfrac{1\pm\sqrt{3}}{2}$ も無理数となる．以上で，

$$x=\frac{1+\sqrt{3}}{2}, \quad y=\frac{1-\sqrt{3}}{2}$$

という反例（命題が成り立たないような例）が得られた．

17 [考え方]

　次のような仮想的なゲームを考えよう．君と，もう 1 人の相手がいて，それぞれ実数値を選ぶのである．相手は x を選び，君は y を選ぶ．そして，条件 A が成り立てば君の勝ち，成り立たなければ，相手の勝ちとする．(1)では，相手が先に x の値を選ぶので，君はそれを見て，y の値をあとから決めること

ができる．これに対して，(2)では，君は先にyの値を選んで相手に見せなければいけない．当然ながら，(2)の方が君にとってはきびしいものとなる．どういう状況であれば，君はつねに勝つことができるだろうか？

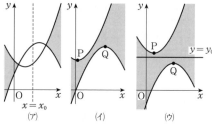

(ア)　　　　　(イ)　　　　　(ウ)

上の3つの状況を考えてみる．網目部分はAが成り立つ領域，すなわち君が勝つ点の集まりである．(ア)のように2つの放物線が交わるか接してしまうと，相手に$x=x_0$という値を選ばれてしまえば，君がどんなyの値をとっても勝つことはできない．これに対して，(イ)ではどんな直線$x=x_0$も，網目部分を通るから，君は相手の選んだx_0を見て，$x=x_0$上で網目部分にある点(x_0, y)をとり，yの値を決めればよいことになる．つまり，(ア)のときは(1)のルールでも君は勝てないが，(イ)のときは(1)のルールでは勝てるのである．しかし，(2)のルールではどうだろうか？　(2)では君がyの値y_0を先に選ばなくてはいけない．(イ)の状況では，どんなy_0をとっても直線$y=y_0$上に，網目部分以外の点(x, y_0)があるので，そのxを相手に選ばれてしまうと君は勝つことができない．これに対して，(ウ)の状況では，図のようにy_0を選べば直線$y=y_0$は網目部分にまるごと含まれている．つまり，君が勝つ点ばかりである．よって，相手がどんなxをとろうが，君は勝てることになる．(イ)と(ウ)の違いは何だろうか？　それは，2つの頂点P，Qのy座標の大小である．このことを考えて，数学的に表現すると，次のような解答になる．

解答
(1)　$f(x)=-x^2+3(\alpha-1)x+\alpha+1$
　　　$g(x)=2x^2+(\alpha+3)x+4$

とおくと，条件Aは，
$$f(x)<y<g(x) \qquad \cdots ①$$
とかける．さて，xを1つ与えたときに，①をみたすyがとれる条件は，
$$f(x)<g(x) \qquad \cdots ②$$
が成立することである．したがって，②が任意の実数xで成立する条件を求めればよい．②より，
$$g(x)-f(x)>0$$
すなわち，
$$3x^2+(-2\alpha+6)x-\alpha+3>0$$
この不等式が，すべての実数xで成立する条件は，
$$\frac{[\text{判別式}]}{4}=(-\alpha+3)^2-3(-\alpha+3)<0$$
$$\alpha(\alpha-3)<0$$
ゆえに，
$$0<\alpha<3$$

(2)　いま$y=y_0$と選んだとき，すべてのxに対して①が成立するとすれば，
　　すべてのxに対して$f(x)<y_0<g(x)$
すなわち，
　　$[f(x)\text{の最大値}]<y_0<[g(x)\text{の最小値}]$
$$\cdots ③$$
である．よって，
　　$[f(x)\text{の最大値}]<[g(x)\text{の最小値}]$
$$\cdots ④$$
である．逆に，④が成立しているとき，例えば，
$$y_0=\frac{[f(x)\text{の最大値}]+[g(x)\text{の最小値}]}{2}$$
とおけば，③が成立するから，$y=y_0$を選ぶことによって，①がすべてのxで成立することがいえる．したがって，④が成立するαの条件を求めればよい．
$$f(x)=-\left\{x-\frac{3(\alpha-1)}{2}\right\}^2+\frac{9\alpha^2-14\alpha+13}{4}$$
$$g(x)=2\left(x+\frac{\alpha+3}{4}\right)^2+\frac{-\alpha^2-6\alpha+23}{8}$$
であるから，
$$f(x)\text{の最大値}=\frac{9\alpha^2-14\alpha+13}{4}$$

$$g(x) \text{ の最小値} = \frac{-\alpha^2 - 6\alpha + 23}{8}$$

よって，④ より，

$$2(9\alpha^2 - 14\alpha + 13) < -\alpha^2 - 6\alpha + 23$$
$$19\alpha^2 - 22\alpha + 3 < 0$$
$$(\alpha - 1)(19\alpha - 3) < 0$$

ゆえに，

$$\frac{3}{19} < \alpha < 1$$

3　整数

18　考え方

まず素因数分解する．

解答

5400 を素因数分解すると，

$$5400 = 2^3 \cdot 3^3 \cdot 5^2$$

となるから，5400 の正の約数は

$$2^k \cdot 3^l \cdot 5^m \begin{pmatrix} k = 0,\ 1,\ 2,\ 3 \\ l = 0,\ 1,\ 2,\ 3 \\ m = 0,\ 1,\ 2 \end{pmatrix}$$

でつくされる．$(k,\ l,\ m)$ の組と約数は 1 対 1 に対応しているから，$(k,\ l,\ m)$ の組の個数が約数の個数に一致する．

$$\begin{cases} k \text{ は } 0, 1, 2, 3 \text{ の 4 通り} \\ l \text{ は } 0, 1, 2, 3 \text{ の 4 通り} \\ m \text{ は } 0, 1, 2 \text{ の 3 通り} \end{cases}$$

のとり方があり，かつ，各々独立に変化できる．よって，約数の個数は

$$4 \times 4 \times 3 = \mathbf{48\ 個}$$

次に，この 48 個の約数は，

$$(2^0 + 2^1 + 2^2 + 2^3) \times (3^0 + 3^1 + 3^2 + 3^3)$$
$$\times (5^0 + 5^1 + 5^2) \qquad \cdots ①$$

を展開したときの $4 \times 4 \times 3 = 48$ 個の項に一致する．よって，① が約数の総和に等しい．

$$2^0 + 2^1 + 2^2 + 2^3 = 15$$
$$3^0 + 3^1 + 3^2 + 3^3 = 40$$
$$5^0 + 5^1 + 5^2 = 31$$

であるから，約数の総和は

$$15 \times 40 \times 31 = \mathbf{18600}$$

19　考え方

分数を帯分数になおす．すなわち，

(分子の次数) < (分母の次数)

となるように変形する．こうすることで，整数になる条件が考えやすくなる．

解答

$$\frac{2n+1}{n-2} = 2 + \frac{5}{n-2} \qquad \cdots ①$$

であるから，これが整数になるのは，$\dfrac{5}{n-2}$ が整数のとき，すなわち，$n-2$ が 5 の約数のときである．よって，

$$n - 2 = 5,\ 1,\ -1,\ -5$$
$$n = 7,\ 3,\ 1,\ -3$$

この 4 つの値を ① に代入して，

$$\mathbf{3,\ 7,\ -3,\ 1}$$

20　考え方

a を 3 で割った余りで分類する．

解答

a を 3 で割ったときの商を k，余りを r とすると，

$$a = 3k + r \quad (r = 0,\ 1,\ 2)$$

とかける．$r = 0,\ 1,\ 2$ の各々の場合に，a^3 を 3 で割った余りを求める．

(i)　$r = 0$ のとき

$a = 3k$ とかけるので，$a^3 = 27k^3$

よって，a^3 を 3 で割った余りは 0 であり，a を 3 で割った余り 0 と等しい．

(ii)　$r = 1$ のとき

$a = 3k + 1$ とかけるので，

$$a^3 = (3k + 1)^3$$
$$= 27k^3 + 3 \cdot 9k^2 + 3 \cdot 3k + 1$$
$$= 3(9k^3 + 9k^2 + 3k) + 1$$

となる．よって，a^3 を 3 で割った余りは 1 であり，a を 3 で割った余り 1 と等しい．

(iii)　$r = 2$ のとき

$a = 3k + 2$ とかけるので，

$$a^3 = (3k + 2)^3$$
$$= 27k^3 + 3 \cdot 9k^2 \cdot 2 + 3 \cdot 3k \cdot 4 + 8$$
$$= 3(9k^3 + 18k^2 + 12k + 2) + 2$$

となる．よって，a^3 を 3 で割った余りは 2

であり，a を3で割った余り2と等しい．

以上 (i)(ii)(iii) により，a^3 を3で割った余りは，つねに a を3で割った余りと等しい．

[注] 一般に，m を2以上の整数とするとき，整数 A，B を m で割ったときの余りが等しいことと，

$$A - B \text{ が } m \text{ の倍数であること}$$

は同値となる．このことに注目すると，本問を解くには，

$$a^3 - a \text{ が 3 の倍数であること}$$

を示せばよいことになる．

$$\begin{aligned} a^3 - a &= a(a^2 - 1) \\ &= a(a+1)(a-1) \\ &= (a-1) \cdot a \cdot (a+1) \end{aligned}$$

と因数分解できるが，3つの因数

$$a-1, \ a, \ a+1$$

は連続した3整数なので，そのうちの1つは3の倍数となる（3の倍数は2つおきに現れるから）．

したがって，その積である $a^3 - a$ はつねに3の倍数となる．以上のように証明することもできる．

21 考え方

2通りの解法を述べる．

[I]「積＝一定」の形に変形して，約数を求める問題に帰着する．このとき，次の等式を用いる．

$$(x+a)(y+b) = xy + bx + ay + ab$$

[II] $y = \cdots$ と解くと，*19* と似た問題になる．

解答

[解答 I]　　　$xy = 3x - 2y$

より，

$$xy - 3x + 2y = 0$$

両辺に $(-3) \cdot 2 = -6$ を加えると

$$xy - 3x + 2y - 6 = -6$$
$$(x+2)(y-3) = -6$$

これから，

$$\begin{array}{c|c|c|c} x+2 = \pm 1 & \pm 2 & \pm 3 & \pm 6 \\ y-3 = \mp 6 & \mp 3 & \mp 2 & \mp 1 \end{array}$$

（複号同順）

これから，x も y も正の整数になるものを選ぶと，

$$(x, y) = (1, 1), \ (4, 2)$$

[解答 II]　　　$xy = 3x - 2y$

を y について解くと，

$$y = \frac{3x}{x+2} = 3 + \frac{-6}{x+2}$$

よって，$x+2$ は6の約数である．$x > 0$ より $x+2 > 2$ なので，

$$x+2 = 3 \text{ または } x+2 = 6$$

$$\begin{cases} x+2 = 3 \text{ のとき，} y = 3 + \dfrac{-6}{3} = 1 \\ x+2 = 6 \text{ のとき，} y = 3 + \dfrac{-6}{6} = 2 \end{cases}$$

したがって，求める x，y の組は，

$$(x, y) = (1, 1), \ (4, 2)$$

22 考え方

分母を払って，*21* と同じタイプの問題になおす．

解答

両辺に pxy を掛けて分母を払うと，

$$py + px = xy$$
$$xy - px - py = 0$$

両辺に $(-p) \cdot (-p) = p^2$ を加えると，

$$xy - px - py + p^2 = p^2$$
$$(x-p)(y-p) = p^2$$

ここで，p は素数であるから，p^2 の正の約数は1，p，p^2 しかない．また，$x > 0$，$y > 0$ より $x - p > -p$，$y - p > -p$ である．これから，$x - p$ と $y - p$ の組は，

$$(x-p, \ y-p) = (1, \ p^2), \ (p, \ p), \ (p^2, \ 1)$$

の3組である．したがって，

$$\begin{aligned} (x, y) = &(p+1, \ p^2+p), \ (2p, \ 2p), \\ &(p^2+p, \ p+1) \end{aligned}$$

23 解答

まず

$$9x + 7y = 1 \qquad \cdots ①$$

をみたす一組の整数解を求める．

$$y = \frac{1 - 9x}{7}$$

から, $1-9x$ が7の倍数となるような x を探せばよい. $x=-\boxed{}$ ($\boxed{}$ は0から9までの整数) なので, $x=-1, -2, \cdots,$ -9 と代入していくと, $x=-3$ のときの $1-9x=28$ が7の倍数となる. 以上から, 一組の整数解

$$x=-3, \quad y=4$$

を得る. 次に, $x=-3, y=4$ は①の解なので,

$$9\cdot(-3)+7\cdot4=1 \qquad \cdots ②$$

である. そこで, ①−② をつくると,

$$9(x+3)+7(y-4)=0$$
$$9(x+3)=7(4-y) \qquad \cdots ③$$

が成り立つ. 左辺は9の倍数, 右辺は7の倍数であり, 9と7は互いに素なので, この式自体は $9\cdot7$ の倍数でなければならない. つまり,

$$9(x+3)=7(4-y)=9\cdot7\cdot n \quad (n \text{ は整数})$$

と表されるはずである. これから,

$$\begin{cases} x+3=7n \\ 4-y=9n \end{cases} \quad (n \text{ は整数}) \quad \cdots ④$$

となる. 逆に, ④ で表される x, y は明らかに ③ をみたす.

以上から, x, y の一般的な表示は,

$$\begin{cases} x=-3+7n \\ y=4-9n \end{cases} \quad (n \text{ は整数})$$

である.

24 （考え方）

一般に, m の倍数か否か, m で割った余りなどの問題では, 変数を m で割った余りで分類する方法が有力である.
ここでは5で割った余りで分類する.

（解答）

(1)
$$\begin{aligned} n^5-n &= n(n^4-1) \\ &= n(n^2-1)(n^2+1) \\ &= \boldsymbol{n(n-1)(n+1)(n^2+1)} \end{aligned}$$

(2) (1)の結果により, 4つの因数

$$n, \ n-1, \ n+1, \ n^2+1$$

のうち, どれか1つが5の倍数であることを示せばよい.

さて, n を5で割った余りを r とすると,

$$n=5k+r \quad (k, r \text{ は整数}, \ 0 \leqq r < 5)$$

とかける.

(i) $n=5k$ のとき, n が5の倍数

(ii) $n=5k+1$ のとき,
$$n-1=5k \text{ が5の倍数}$$

(iii) $n=5k+2$ のとき,
$$n^2+1=(5k+2)^2+1=5(5k^2+4k+1)$$
が5の倍数

(iv) $n=5k+3$ のとき,
$$n^2+1=(5k+3)^2+1=5(5k^2+6k+2)$$
が5の倍数

(v) $n=5k+4$ のとき,
$$n+1=5(k+1) \text{ が5の倍数}$$

以上により, $n, n+1, n-1, n^2+1$ のいずれかが必ず5の倍数になるから, n^5-n はつねに5の倍数である.

25 （考え方）

3で割って1余る整数は $3x+1$ (x は整数) とかける. 同様に, 5で割って2余る整数 $5y+2$ (y は整数) とかける.
この両者が一致すればよい. 結局,

$$ax+by=c$$

の形の方程式に帰着される.

（解答）
条件をみたす正の整数を N とすると,

$$N=3x+1=5y+2 \qquad \cdots ①$$

とかける. ただし, x, y は整数である.
これから,

$$3x-5y=1 \qquad \cdots ②$$

② の解の1つ $(x, y)=(2, 1)$ を用いると,
② は次のように変形される.

$$3x-5y=1=3\cdot2-5\cdot1$$
$$3(x-2)=5(y-1)$$

3と5は互いに素であるから, k を整数として,

$$x-2=5k, \quad y-1=3k$$

すなわち,

$$x=2+5k, \quad y=1+3k$$

と表される. これが ② の整数解である. これを ① に代入すると,

$$N = 3x+1 = 3(2+5k)+1$$
$$= 15k+7$$

$N > 0$ になるのは $k \geqq 0$ のときであるから，求める一般形は，

$15k+7$（k は 0 以上の整数）

26 考え方

次数を見ると，x，y いずれに関しても 2 次である．そこで，x に関する 2 次方程式とみて，解の公式により $x = \cdots$ と解く．次に，x が実数になる条件から y の範囲を求める（y について解いても，ほとんど同じである）．

解答

x について整理すると，

$$x^2 + 2y \cdot x + (3y^2 - 19) = 0$$

これは x の 2 次方程式であるから，解の公式により，

$$x = -y \pm \sqrt{y^2 - (3y^2 - 19)}$$
$$= -y \pm \sqrt{19 - 2y^2} \qquad \cdots ①$$

ここで，x は実数であるから，$\sqrt{}$ の中は 0 以上でなければならない．よって，

$$19 - 2y^2 \geqq 0$$
$$y^2 \leqq \frac{19}{2} = 9.5$$

y は整数なので，

$$y = 0, \ \pm1, \ \pm2, \ \pm3$$

に限られる．

これを ① に代入するのだが，x が整数になるには $19 - 2y^2$ が平方数になっている必要がある（そうでないと，x は無理数になる）．計算すると次のようになる．

y	0	±1	±2	±3
$19-2y^2$	19	17	11	1

これから，$19 - 2y^2$ が平方数になるのは，

$$y = \pm3$$

の場合だけである．これを ① に代入すると，
$y = 3$ のとき，

$$x = -3 \pm \sqrt{1} = -3 \pm 1 = -2, \ -4$$

$y = -3$ のとき，

$$x = 3 \pm \sqrt{1} = 3 \pm 1 = 4, \ 2$$

したがって，求める整数の組 (x, y) は

$$(x, y) = (-2, 3), \ (-4, 3),$$
$$(4, -3), \ (2, -3)$$

27 考え方

不等式をつくって，未知数の範囲を絞り込む．範囲が限定できたら，しらみつぶしに調べればよい．

解答

$0 < x < y < z$ より，$\dfrac{1}{x} > \dfrac{1}{y} > \dfrac{1}{z}$ である．

これと与えられた方程式

$$\frac{1}{x} + \frac{1}{y} + \frac{1}{z} = 1 \qquad \cdots ①$$

を組み合わせると，

$$1 = \frac{1}{x} + \frac{1}{y} + \frac{1}{z} < \frac{1}{x} + \frac{1}{x} + \frac{1}{x} = \frac{3}{x}$$

すなわち，

$$x < 3$$

となるから，$x = 1$ または $x = 2$ に限る．

(i) $x = 1$ のとき
① に代入すると，

$$\frac{1}{y} + \frac{1}{z} = 0$$

これをみたす自然数 y, z は存在しない．

(ii) $x = 2$ のとき
① に代入すると，

$$\frac{1}{y} + \frac{1}{z} = \frac{1}{2} \qquad \cdots ②$$

再び $\dfrac{1}{y} > \dfrac{1}{z}$ を用いると，

$$\frac{1}{2} = \frac{1}{y} + \frac{1}{z} < \frac{1}{y} + \frac{1}{y} = \frac{2}{y}$$

よって，

$$y < 4$$

$2 = x < y$ なので，$y = 3$ に限られる．これを ② に代入すると，

$$\frac{1}{z} = \frac{1}{2} - \frac{1}{3} = \frac{1}{6}$$

よって，

$$z = 6.$$

以上 (i), (ii) より，求める x, y, z の値は

$$x = 2, \ y = 3, \ z = 6$$

のみである．

28 （考え方）

(1) 「積＝一定」の形に変形する.

(2) まず，x，y を消去して z に関する不等式をつくり，z の範囲を求める. あとは(1)と同種になる. 一般に，未知数が3個以上の方程式の整数解を求めるには，不等式を利用して変数の範囲を調べる以外にうまい方法はない.

（解答）

(1)
$$xy-2x-2y+4=6$$
$$(x-2)(y-2)=6$$
と変形される. $x \geqq y \geqq 1$ より，
$$x-2 \geqq y-2 \geqq -1$$
であるから，
$$\left. \begin{array}{l} x-2=6 \\ y-2=1 \end{array} \right\} \left. \begin{array}{l} 3 \\ 2 \end{array} \right\}$$
よって，
$$\boldsymbol{(x, y)=(8, 3), (5, 4)}$$

(2) まず，z の範囲を求める.
$$xyz=2x+2y+2z \qquad \cdots ①$$
の両辺を xyz で割り，$\dfrac{1}{x} \leqq \dfrac{1}{y} \leqq \dfrac{1}{z}$ を用いると，
$$1=\frac{2}{yz}+\frac{2}{zx}+\frac{2}{xy} \leqq \frac{2}{z^2}+\frac{2}{z^2}+\frac{2}{z^2}$$
$$=\frac{6}{z^2}$$
すなわち，
$$z^2 \leqq 6$$
よって，
$$z=1 \text{ または } 2$$

(ア) <u>$z=1$ のとき</u>

① に代入すると，
$$xy=2x+2y+2, \quad x \geqq y \geqq 1$$
これは(1)ですでに解いている.
よって，
$$(x, y)=(8, 3), (5, 4)$$

(イ) <u>$z=2$ のとき</u>

① に代入すると，
$$2xy=2x+2y+4$$
$$xy=x+y+2$$
$$xy-x-y+1=3$$
$$(x-1)(y-1)=3$$

$x \geqq y \geqq 2$ （$z=2$ なので）より，
$$x-1 \geqq y-1 \geqq 1$$
であるから，
$$\left. \begin{array}{l} x-1=3 \\ y-1=1 \end{array} \right\}$$
よって，
$$(x, y)=(4, 2)$$

(ア)，(イ)をあわせると，
$$\boldsymbol{(x, y, z)=(8, 3, 1), (5, 4, 1),}$$
$$\boldsymbol{(4, 2, 2)}$$

[注] (2)で z の範囲を出す部分は，次のようにしてもよい. $x \geqq y \geqq z$ であるから，
$$xyz=2x+2y+2z$$
の左辺，右辺はそれぞれ
$$xyz \geqq x \cdot z \cdot z = xz^2$$
$$2x+2y+2z \leqq 2x+2x+2x=6x$$
となる. よって，
$$xz^2 \leqq 6x \qquad z^2 \leqq 6$$
この方が簡単だが，不等式のつくり方に工夫が要求される. （解答）の方法は，xyz で両辺を割る部分が気づきにくいが，その後の処理は，単に $\dfrac{1}{x}$，$\dfrac{1}{y}$ を $\dfrac{1}{z}$ に置き換えて不等式をつくるだけでよいという利点がある.

また，前記の不等式のつくり方を少し変えて，
$$xyz=2x+2y+2z$$
$$\leqq 2x+2x+2x=6x$$
よって，
$$yz \leqq 6$$
とすれば，$y \geqq z$ であるので，可能性のある組合せは，
$$(y, z)=(6, 1), (5, 1), (4, 1), (3, 1)$$
$$(3, 2), (2, 1), (2, 2)$$
の7通りになる. これを個別に調べていってもよい.

29 （考え方）

3で割った余りで整数を類別する手法を用いる. (2)では，条件
$$m^2+n^2=l^2$$
を直接利用するのは困難であるから，背理法を用いて，m，n のいずれも3で割り切れな

いという仮定から始めると，(1)が利用できる．

解答

(1) n を3で割った余りで分類する．
$$n=3k+r \quad (k \text{ は整数}, \ r=0, 1, 2)$$
とかける．このとき，
$$n^2=(3k+r)^2=9k^2+6kr+r^2$$
$$=(3 \text{ の倍数})+r^2$$
となるので，r^2 を3で割った余りが2にならないことを示せばよい．

(i) $r=0$ のとき，$r^2=0$ より，(余り)=0
(ii) $r=1$ のとき，$r^2=1$ より，(余り)=1
(iii) $r=2$ のとき，$r^2=4$ より，(余り)=1

よって，r^2 を3で割った余りは，0か1となり，決して2になることはない．よって証明された．

(2) 背理法を用いて証明する．つまり，m，n のいずれも3で割り切れないと仮定して矛盾を導く．このとき，n を3で割った余りは1か2だから，
$$n=3k+r \quad (r=1, 2)$$
とかける．すると，(1)において，(ii), (iii) の場合であるから，n^2 を3で割った余りは1になる．すなわち，
$$n^2=3N+1 \quad (N \text{ は整数})$$
とかける．同様にして，m についても，
$$m^2=3M+1 \quad (M \text{ は整数})$$
とかけるから，
$$l^2=m^2+n^2=(3M+1)+(3N+1)$$
$$=3(M+N)+2$$
となる．よって，l^2 を3で割った余りは2となる．ところが，(1)により，l^2 を3で割った余りは2にならない（(1)は n^2 について示されたが，n はどんな整数でもよいのだから，n を l にかえても成り立つことは明らかであろう）．これは矛盾である．よって，m，n のうち少なくとも一方は3で割り切れることが証明された．

第2章 2次関数

4 2次方程式

30 考え方

判別式を利用する．

解答

異なる実数解をもつ条件は，判別式を D とすると，$D>0$ であるから，
$$\frac{D}{4}=m^2-(m+2)>0$$
$$(m+1)(m-2)>0$$
よって，m の範囲は，
$$\boldsymbol{m<-1} \ \text{または} \ \boldsymbol{m>2}$$

31 考え方

解と係数の関係を用いる．
なお，解と係数の関係で現れる $\alpha+\beta$，$\alpha\beta$ は α と β の基本対称式でもあることに注意する．また，
$$A^3+B^3=(A+B)^3-3AB(A+B)$$
を利用する．

解答

解と係数の関係により，
$$\alpha+\beta=8, \ \alpha\beta=10$$
これから，
$$\alpha^2+\beta^2=(\alpha+\beta)^2-2\alpha\beta=8^2-2\cdot 10$$
$$=44$$
$$\alpha^3+\beta^3=(\alpha+\beta)^3-3\alpha\beta(\alpha+\beta)$$
$$=8^3-3\cdot 10\cdot 8$$
$$=272$$
$$\alpha^4+\beta^4=(\alpha^2+\beta^2)^2-2\alpha^2\beta^2$$
$$=44^2-2\cdot 10^2$$
$$=1736$$

32 考え方

解の公式を用いてもできるが，以下では，
$$(\alpha-\beta)^2=(\alpha+\beta)^2-4\alpha\beta$$
を利用して，解と係数の関係に結びつける．

解答

まず，
$$3x^2-x+p=0 \qquad \cdots ①$$

が実数解 α, β をもつことから,
$$D=1-12p\geqq 0$$
$$p\leqq \frac{1}{12} \qquad \cdots ②$$

である. 解と係数の関係から
$$\alpha+\beta=\frac{1}{3}, \quad \alpha\beta=\frac{p}{3}$$

であるから,
$$(\alpha-\beta)^2=(\alpha+\beta)^2-4\alpha\beta$$
$$=\left(\frac{1}{3}\right)^2-4\cdot\frac{p}{3}$$
$$=\frac{1-12p}{9}$$
$$|\alpha-\beta|=\frac{\sqrt{1-12p}}{3}$$

となる. よって, $|\alpha-\beta|\geqq 1$ を解けば,
$$\frac{\sqrt{1-12p}}{3}\geqq 1$$
$$\sqrt{1-12p}\geqq 3$$
$$1-12p\geqq 9$$
$$-12p\geqq 8$$
$$p\leqq -\frac{2}{3}$$

これは実数解の条件である ② をみたしている. よって, 求める p の範囲は
$$p\leqq -\frac{2}{3}$$

である.

33 　考え方

解と係数の関係を用いて, α, β, p, q に関する連立方程式をつくる. α, β を消去すれば, p, q の連立方程式が得られる.

解答

解と係数の関係を用いる. まず, α, β は, $x^2+px+q=0$ の 2 解であるから,
$$\alpha+\beta=-p \qquad \cdots ①$$
$$\alpha\beta=q \qquad \cdots ②$$

次に, $\alpha+2$, $\beta+2$ は $x^2+qx+p=0$ の 2 解であるから,
$$\begin{cases}(\alpha+2)+(\beta+2)=-q & \cdots ③\\(\alpha+2)(\beta+2)=p & \cdots ④\end{cases}$$

①, ② を ③, ④ に代入して, α, β を消去

する. ③ より,
$$(\alpha+\beta)+4=-q$$
$$-p+4=-q$$
$$q=p-4 \qquad \cdots ⑤$$

④ より,
$$\alpha\beta+2(\alpha+\beta)+4=p$$
$$q-2p+4=p$$
$$q=3p-4 \qquad \cdots ⑥$$

⑤, ⑥ を連立して解くと,
$$p=0, \quad q=-4$$

34 　考え方

条件式 $|\alpha|+|\beta|\leqq 6$ を変形して, $\alpha+\beta$, $\alpha\beta$ の形をつくる. あとは, 解と係数の関係などを用いればよい.

解答

まず, 実数解をもつことから,
$$\frac{[判別式]}{4}=4-(-m+11)\geqq 0$$
$$m\geqq 7 \qquad \cdots ①$$

次に, $|\alpha|+|\beta|\leqq 6$ の両辺とも 0 以上なので, 2 乗して比べると,
$$(|\alpha|+|\beta|)^2\leqq 36$$
$$\alpha^2+\beta^2+2|\alpha\beta|\leqq 36 \qquad \cdots ②$$

解と係数の関係から,
$$\alpha+\beta=4, \quad \alpha\beta=-m+11$$

であるから,
$$\alpha^2+\beta^2=(\alpha+\beta)^2-2\alpha\beta$$
$$=16-2(-m+11)$$
$$=2m-6$$

これを ② に代入すると,
$$2m-6+2|-m+11|\leqq 36$$
$$|m-11|\leqq 21-m \qquad \cdots ③$$

③ を解く.

(ア) $m\geqq 11$ のとき
③ より
$$m-11\leqq 21-m \qquad m\leqq 16$$
よって,
$$11\leqq m\leqq 16$$

(イ) $m\leqq 11$ のとき
③ より
$$11-m\leqq 21-m$$

16

これはつねに成立する.
よって,
$$m \leq 11$$
(ア),(イ) より,③ の解は,
$$m \leq 16 \qquad \cdots ④$$
① と ④ の共通部分をとると,
$$7 \leq m \leq 16$$

35 考え方

(2)では(1)を参考にして,実数 α に対して,α が 1 つの解になる k を求めることを考える.k が実数値で求められれば,α は,めでたく解になれることがわかる.

解答

(1) $x=1$ を方程式に代入すると,
$$(k^2-k+1)+2(k-1)^2+k^2-3k+1=0$$
$$4k^2-8k+4=0$$
よって,
$$k=1$$

(2) 実数 α に対して,$x=\alpha$ を解とするような実数 k がみつかれば,α は解のとりうる範囲に入っていることになる.

$x=\alpha$ を方程式に代入すると,
$$(k^2-k+1)\alpha^2+2(k-1)^2\alpha+k^2-3k+1=0$$
これをみたす k を求めているのだから,k について整理すると,
$$(\alpha^2+2\alpha+1)k^2-(\alpha^2+4\alpha+3)k$$
$$+(\alpha^2+2\alpha+1)=0$$
$$(\alpha+1)^2k^2-(\alpha+1)(\alpha+3)k+(\alpha+1)^2=0$$
$$\cdots ①$$
これをみたす実数 k が存在すればよい.

(ア) $\alpha=-1$ のとき
① は
$$0\cdot k^2+0\cdot k+0=0$$
となるから,これをみたす k はもちろん存在する(すべての実数 k がみたす).

(イ) $\alpha \neq -1$ のとき
① は
$$(\alpha+1)k^2-(\alpha+3)k+(\alpha+1)=0$$
となる.これをみたす実数 k が存在する条件は,
$$[判別式]=(\alpha+3)^2-4(\alpha+1)^2$$

$$=-(3\alpha+5)(\alpha-1)\geq 0$$
$$(3\alpha+5)(\alpha-1)\leq 0$$
$\alpha \neq 1$ であるので,
$$-\frac{5}{3} \leq \alpha \leq 1, \quad \alpha \neq 1$$
(ア),(イ) より,① をみたす実数 k が存在するのは
$$-\frac{5}{3} \leq \alpha \leq 1$$
のときである.これが,$x=\alpha$ が方程式の解になりうる条件であるから,実数解のとりうる値の範囲は,
$$-\frac{5}{3} \leq x \leq 1$$

5　2次関数と不等式

36 考え方

$f(x)>0$ を解くには,$y=f(x)$ のグラフを考えて,$y>0$ になる x を求めればよい.$f(x)<0$ も同様である.

解答

$x^2+x-2=0$ を解くと,
$$(x-1)(x+2)=0 \qquad x=-2,\ 1$$
$x^2-x-3=0$ を解くと,
$$x=\frac{1\pm\sqrt{13}}{2}$$
これから,
$$y=x^2+x-2,\ y=x^2-x-3$$
のグラフは,次のように x 軸と交わる.

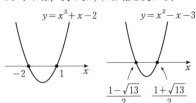

したがって,
$x^2+x-2<0$ の解は,
$$-2<x<1 \qquad \cdots ①$$
$x^2-x-3>0$ の解は,
$$x<\frac{1-\sqrt{13}}{2} \text{ または } x>\frac{1+\sqrt{13}}{2} \quad \cdots ②$$

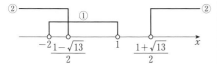

①, ② の共通部分をとると,

$$-2 < x < \frac{1-\sqrt{13}}{2}$$

[注]　$\frac{1\pm\sqrt{13}}{2}$ と -2, 1 との大小関係は,

$$\sqrt{13}=3.6\cdots$$

からわかる. また, 次のように, 間接的に調べる方法もある. $f(x)=x^2-x-3$ とおくと,

$$f(-2)=3>0,\quad f(1)=-3<0$$

となるので, $f(x)$ のグラフと $-2, 1$ の位置関係は, 次のようになる.

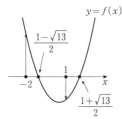

これから,

$$-2 < \frac{1-\sqrt{13}}{2} < 1 < \frac{1+\sqrt{13}}{2}$$

であることがわかる.

37 （考え方）

$y=ax^2+x+b$ のグラフと x 軸との交点, および, a の正負を考える.

（解答）

$y=f(x)=ax^2+x+b$ のグラフの $y>0$ の部分が, ちょうど $-2<x<3$ に対応すればよい. したがって, グラフは次のようになる.

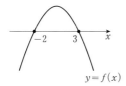

グラフがこうなる条件は,

$$a<0 \qquad \cdots①$$

かつ

$$ax^2+x+b=a(x+2)(x-3)\ (恒等式)$$
$$\qquad\qquad\cdots②$$

である.
② の右辺を展開すると,

$$ax^2-ax-6a$$

となるから, 係数を比べて,

$$1=-a,\quad b=-6a$$
$$a=-1,\quad b=6$$

これは ① をみたしている.
よって,

$$\boldsymbol{a=-1,\ b=6}$$

38 （考え方）

$a>0$ と $a<0$ に分けて, 左辺のグラフがどうなるか考えてみる.

（解答）

$f(x)=ax^2+2(a-1)x+\dfrac{4}{a}$ とおく.

$a<0$ の場合
$y=f(x)$ のグラフが右の図のようになり, x を十分大きくすると $f(x)<0$ になってしまう.
よって, 条件は成り立たない.

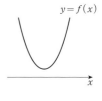

$a>0$ の場合
つねに $f(x)>0$ になることと, 方程式 $f(x)=0$ が実数解をもたないことは同値である.
よって,

$$\frac{[判別式]}{4}=(a-1)^2-4<0$$
$$(a+1)(a-3)<0$$
$$-1<a<3$$

となる.
これと $a>0$ との共通部分をとれば, 求める a の範囲は

$$\boldsymbol{0<a<3}$$

18

である.

39 考え方

軸の位置に注意してグラフをかく.

解答

$$f(x)=2x^2-9x+1=2\left(x-\frac{9}{4}\right)^2-\frac{73}{8}$$

なので, $y=f(x)$ の対称軸は $x=\dfrac{9}{4}$ である. これは, 区間 $1\leqq x\leqq 3$ に含まれるが, 区間の中点 $x=2$ より右側である. よって, グラフは次のようになる.

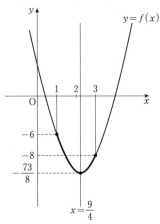

したがって,

$$\begin{cases} 最大値\ -6 \quad (x=1\ のとき) \\ 最小値\ -\dfrac{73}{8} \quad \left(x=\dfrac{9}{4}\ のとき\right) \end{cases}$$

40 考え方

$y=3x^2-6ax+2$ の軸は $x=a$ である. したがって, (1)〜(5)の場合分けは, 軸と区間 $0\leqq x\leqq 2$ の位置関係に対応している. (1)〜(5)の各場合について, $0\leqq x\leqq 2$ での y の増減や, 端点 $x=0$, 2 での y の大小などに注意してグラフをかく.

解答

$f(x)=3x^2-6ax+2$ とおく. これは,

$$f(x)=3(x-a)^2-3a^2+2$$

とかけるので, $y=f(x)$ の軸は $x=a$ である. $y=f(x)$ のグラフは, 軸 $x=a$ に関して左右対称である.

(1) $\underline{a\leqq 0\ のとき}$
$f(x)$ は $0\leqq x\leqq 2$ で単調に増加する. よって,

$$\begin{cases} 最大値=f(2) \\ \qquad =14-12a \\ 最小値=f(0)=2 \end{cases}$$

(2) $\underline{0<a<1\ のとき}$
$f(x)$ は $0\leqq x\leqq 2$ において $x=a$ で最小になる. また, 軸 $x=a$ は区間 $0\leqq x\leqq 2$ の中点 $x=1$ よりも左側にあるから, グラフの対称性により, $f(0)<f(2)$ である. よって,

$$\begin{cases} 最大値=f(2)=14-12a \\ 最小値=f(a)=2-3a^2 \end{cases}$$

(3) $\underline{a=1\ のとき}$
$f(x)$ は $0\leqq x\leqq 2$ において $x=1$ で最小になる. また, 軸 $x=1$ は区間 $0\leqq x\leqq 2$ の中点だから, $f(0)=f(2)$ である. よって, $x=0$ と $x=2$ で同時に最大になる.

$$\begin{cases} 最大値=f(0)=2 \\ 最小値=f(1)=-1 \end{cases}$$

(4) $\underline{1<a<2\ のとき}$
$f(x)$ の軸 $x=a$ は区間 $0\leqq x\leqq 2$ の中にあり, 区間の中点 $x=1$ よりも右側にあるから, $x=a$ で最小, $x=0$ で最大になる.

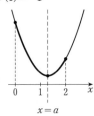

$$\begin{cases} 最大値=f(0)=2 \\ 最小値=f(a)=2-3a^2 \end{cases}$$

(5) $a \geqq 2$ のとき
$f(x)$ は $0 \leqq x \leqq 2$
で単調に減少するか
ら,
$\begin{cases} 最大値=f(0)=2 \\ 最小値=f(2) \\ \qquad =14-12a \end{cases}$

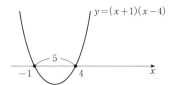

41 [解答]

[解答 I] もとの放物線は原点を通るのだから,

$$y=x^2+ax$$

とおける.
これを x 軸の正の方向に $p(p>0)$ だけ平行移動したものは,

$$y=(x-p)^2+a(x-p)$$

となる. 右辺を展開して整理すると,

$$y=x^2-(2p-a)x+(p^2-ap)$$

である. これが $y=x^2-3x-4$ に一致するのだから,

$$\begin{cases} 2p-a=3 & \cdots① \\ p^2-ap=-4 & \cdots② \end{cases}$$

となる.
① より,

$$a=2p-3$$

これを ② に代入すると,

$$\begin{aligned} p^2-(2p-3)p&=-4 \\ -p^2+3p&=-4 \\ p^2-3p-4&=0 \\ (p-4)(p+1)&=0 \\ p&=4, \ -1 \end{aligned}$$

となる.
$p>0$ であったから,

$$p=4$$

これを ① に代入すれば,

$$a=5$$

つまり, もとの放物線の式は

$$y=x^2+5x$$

である.
[解答 II] $x^2-3x-4=0$ を解くと

$$x=-1, \ 4$$

なので, $y=x^2-3x-4$ のグラフは次のようになる.

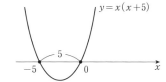

これを x 軸の負の方向に平行移動して原点を通るようにすれば, もとの放物線が得られる. それには x 軸との交点 $(4, 0)$ が原点 $(0, 0)$ になるように, 負の方向に 4 だけ平行移動すればよい.

よって, もとの放物線の式は

$$y=x^2+5x$$

である.

42 [考え方]

$x^2-x \leqq 0$ はすぐに解けるが,
$x^2-2ax+a-1<0$ を解くと, 複雑になる.
そこで, 解くかわりに,

$$y=f(x)=x^2-2ax+a-1$$

のグラフを考える.

[解答]
$x^2-x \leqq 0$ を解くと,

$$x(x-1) \leqq 0$$

よって,

$$0 \leqq x \leqq 1 \quad \cdots①$$

となる.

$$f(x)=x^2-2ax+a-1$$

とおく.
① をみたすすべての x が $f(x)<0$ をみたせばよい. $f(x)$ のグラフを考えると, その条件は,

$$\begin{cases} f(0)<0 & \cdots② \\ f(1)<0 & \cdots③ \end{cases}$$

である.

② より，
$$f(0)=a-1<0$$
$$a<1 \qquad \cdots②'$$
③ より，
$$f(1)=-a<0$$
$$a>0 \qquad \cdots③'$$
②'，③' より，
$$0<a<1$$
である．

43 考え方
$f(x)$ の最小値が正になればよい．(1)は平方完成すれば，ただちに最小値が求められるが，(2)では，区間 $0\leqq x\leqq 4$ と $f(x)$ のグラフの軸の位置関係によって，場合分けする必要がある．

解答

(1) $f(x)=x^2-2mx+2m+3$
$$=(x-m)^2-m^2+2m+3$$
であるので，$f(x)$ は $x=m$ のときに，最小値
$$-m^2+2m+3$$
をとる．

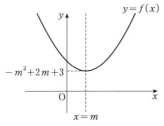

よって，すべての実数 x に対して $f(x)>0$ になる条件は，
$$-m^2+2m+3>0$$
$$(m+1)(m-3)<0$$
よって，
$$-1<m<3$$
である．

(2) $0\leqq x\leqq 4$ における $f(x)$ の最小値が正になればよい．$f(x)$ の軸 $x=m$ の位置によって，次の3つの場合に分ける．

(ア) $m\leqq 0$ のとき
最小値 $=f(0)>0$
$$2m+3>0$$
$$m>-\frac{3}{2}$$
$m\leqq 0$ であるから，
$$-\frac{3}{2}<m\leqq 0 \quad \cdots①$$

(イ) $0<m<4$ のとき
最小値 $=f(m)>0$
$$-m^2+2m+3>0$$
$$(m+1)(m-3)<0$$
$$-1<m<3$$
$0<m<4$ であるから，
$$0<m<3 \quad \cdots②$$

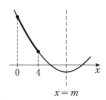

(ウ) $m\geqq 4$ のとき
最小値 $=f(4)>0$
$$19-6m>0$$
$$m<\frac{19}{6}$$

しかし，$m\geqq 4$ であるから，
$$m は存在しない \qquad \cdots③$$
(ア)，(イ)，(ウ) の結果 ①，②，③ をあわせると，
$$-\frac{3}{2}<m<3$$
である．

44 考え方
$f(x)$ は軸 $x=a$ に関して左右対称である．区間 $0\leqq x\leqq 3$ と軸 $x=a$ の位置関係に注意して場合分けする．

解答

(1) $f(x)=2x^2-4ax+a+a^2$
$$=2(x^2-2ax+a^2)-2a^2+a+a^2$$
$$=2(x-a)^2+a-a^2$$
である．よって，$f(x)$ のグラフは $x=a$ を軸にもつ．軸 $x=a$ の位置によって，次の3つの場合に分ける．

㋐　$a \leqq 0$ のとき

$f(x)$ は $0 \leqq x \leqq 3$ で
単調に増加するから，
$x=0$ で最小になる.
よって，
$$m = f(0)$$
$$= a^2 + a$$

㋑　$0 < a < 3$ のとき

$f(x)$ は $0 \leqq x \leqq a$ で
減少し，$a \leqq x \leqq 3$ で
増加するから，$x=a$
で最小になる. よって，
$$m = f(a)$$
$$= -a^2 + a$$

㋒　$a \geqq 3$ のとき

$f(x)$ は $0 \leqq x \leqq 3$ で
単調に減少するから，
$x=3$ で最小になる.
よって，
$$m = f(3)$$
$$= a^2 - 11a + 18$$

㋐, ㋑, ㋒ をまとめると，
$$m = \begin{cases} a^2 + a & (a \leqq 0) \\ -a^2 + a & (0 < a < 3) \\ a^2 - 11a + 18 & (a \geqq 3) \end{cases}$$

(2) (1) の ㋐〜㋒ のグラフを見ると，
$0 \leqq x \leqq 3$ において $f(x)$ が最大になるのは，
$x=0$ または $x=3$ のいずれかの場合である
ことがわかる. $f(x)$ のグラフは $x=a$ に
関して対称であるから，$f(0)$ と $f(3)$ の大小
は，$x=a$ が区間 $0 \leqq x \leqq 3$ の中点 $x=\dfrac{3}{2}$
に関して左側か，あるいは右側かで変わる.

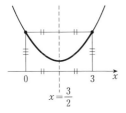

よって，a と $\dfrac{3}{2}$ の大小で次のように分ける.

㋐　$a \leqq \dfrac{3}{2}$ のとき

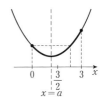

（$a \leqq 0$ のとき）　　（$0 \leqq a \leqq \dfrac{3}{2}$ のとき）

$f(x)$ は $x=3$ で最大になるから，
$$M = f(3) = a^2 - 11a + 18$$

㋑　$a \geqq \dfrac{3}{2}$ のとき

（$\dfrac{3}{2} \leqq a \leqq 3$ のとき）　　（$a \geqq 3$ のとき）

$f(x)$ は $x=0$ で最大になるから，
$$M = f(0) = a^2 + a$$

㋐, ㋑ をまとめると，
$$M = \begin{cases} a^2 - 11a + 18 & \left(a \leqq \dfrac{3}{2}\right) \\ a^2 + a & \left(a \geqq \dfrac{3}{2}\right) \end{cases}$$

[注] (2)で $a=\dfrac{3}{2}$ のときは，どちらの式で
計算しても値は同じである. **解答** では，
等号を両方につけたが，もちろん片方だけで
もよい. また，(1)で $a=0$，$a=3$ の等号を
㋑ につけて $0 \leqq a \leqq 3$ としてもよい. これ
らは趣味の問題である.

6　いろいろな方程式

45　考え方

絶対値の扱い方で2通りの解答を与える.

[I]　$|A| = \begin{cases} A \, (A \geqq 0) \\ -A \, (A < 0) \end{cases}$ に基づき，A の

正負で場合分けする.

[Ⅱ] $|A|=B \iff \begin{cases} A=\pm B \\ B\geqq 0 \end{cases}$ であること

を利用する.

解答

[解答Ⅰ] $x^2+6x+8=(x+4)(x+2)$

であるから,

$$|x^2+6x+8|=\begin{cases} x^2+6x+8 \\ \quad(x\leqq -4,\ -2\leqq x) \\ -(x^2+6x+8) \\ \quad(-4<x<-2) \end{cases}$$

である.

これから,

(ア) $x\leqq -4,\ -2\leqq x$ のとき

$$x^2+6x+8=4x+11$$
$$x^2+2x-3=0$$
$$(x+3)(x-1)=0$$
$$x=-3,\ 1$$

このうち,

$$x\leqq -4,\ -2\leqq x$$

をみたすものは,

$$x=1$$

(イ) $-4<x<-2$ のとき

$$-(x^2+6x+8)=4x+11$$
$$x^2+10x+19=0$$
$$x=-5\pm\sqrt{6}$$

このうち,

$$-4<x<-2$$

をみたすものは,

$x=-5+\sqrt{6}$ ($\sqrt{6}=2.449\cdots$ に注意)

(ア), (イ) より,

$$\boldsymbol{x=1,\ -5+\sqrt{6}}$$

[解答Ⅱ]

$$|x^2+6x+8|=4x+11$$
$$\iff \begin{cases} 4x+11\geqq 0 & \cdots① \\ x^2+6x+8=\pm(4x+11) & \cdots② \end{cases}$$

である.

① から

$$x\geqq -\frac{11}{4} \qquad \cdots①'$$

次に ② を解く.

(ア) $x^2+6x+8=4x+11$ のとき

$$x^2+2x-3=0$$
$$(x+3)(x-1)=0$$
$$x=-3,\ 1$$

このうち, ①' をみたすものは,

$$x=1$$

(イ) $x^2+6x+8=-(4x+11)$ のとき

$$x^2+10x+19=0$$
$$x=-5\pm\sqrt{6}$$

このうち, ①' をみたすものは,

$$x=-5+\sqrt{6}$$

(ア), (イ) により,

$$\boldsymbol{x=1,\ -5+\sqrt{6}}$$

46 **考え方**

方程式を

$$|x^2-x-6|-4x=c$$

と変形して, 左辺の関数のグラフを考える.

解答

まず, 方程式を

$$|x^2-x-6|-4x=c \qquad \cdots①$$

と変形して, 左辺を $f(x)$ とおく. すなわち,

$$f(x)=|x^2-x-6|-4x$$

である.

不等式 $x^2-x-6\geqq 0$ を解くと,

$$(x+2)(x-3)\geqq 0$$
$$x\leqq -2\ \text{または}\ x\geqq 3$$

となるから,

$$|x^2-x-6|=\begin{cases} x^2-x-6 \\ \quad(x\leqq -2,\ x\geqq 3) \\ -x^2+x+6 \\ \quad(-2\leqq x\leqq 3) \end{cases}$$

これから, $x\leqq -2,\ x\geqq 3$ のときは,

$$f(x)=(x^2-x-6)-4x$$
$$=x^2-5x-6$$
$$=\left(x-\frac{5}{2}\right)^2-\frac{49}{4}$$

であり, $-2\leqq x\leqq 3$ のときは,

$$f(x)=(-x^2+x+6)-4x$$
$$=-x^2-3x+6$$
$$=-\left(x+\frac{3}{2}\right)^2+\frac{33}{4}$$

である.

したがって，$y=f(x)$ のグラフは次のようになる.

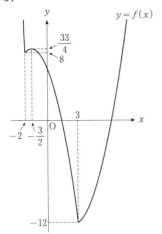

方程式 ① は $f(x)=c$ と書けるから，その実数解は，
$$y=f(x) \quad と \quad y=k$$
の交点の x 座標である.

よって，交点の個数を調べれば，解の個数は次のようになる.

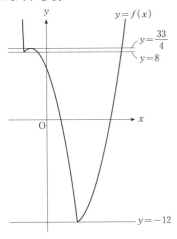

$$\begin{cases} c>\dfrac{33}{4} & のとき　2個 \\[2mm] c=\dfrac{33}{4} & のとき　3個 \\[2mm] 8<c<\dfrac{33}{4} & のとき　4個 \\[2mm] c=8 & のとき　3個 \\[2mm] -12<c<8 & のとき　2個 \\[2mm] c=-12 & のとき　1個 \\[2mm] c<-12 & のとき　0個 \end{cases}$$

47 （考え方）

与えられた2式から y を消去すれば，x の2次方程式になる.

（解答）
$$\begin{cases} x^2+y=1 & \cdots① \\ kx-2y=-3 & \cdots② \end{cases}$$
① より，
$$y=1-x^2$$
これを ② に代入すると，
$$kx-2(1-x^2)=-3$$
$$2x^2+kx+1=0$$
となる.これがただ1つの解をもてばよいので，
$$[判別式]=k^2-8=0$$
である.
よって，
$$k=\pm2\sqrt{2}$$

48 （考え方）

まず X, Y を求める.
X, Y が求められたあとは，
$$\begin{cases} x+y=X \\ xy=Y \end{cases}$$
を解くのだが，解と係数の関係から，x, y は，
$$t^2-Xt+Y=0$$
の2解として求められる.

（解答）
$$\begin{cases} x^2+y^2+x+y=0 & \cdots① \\ x^2+y^2+xy=1 & \cdots② \end{cases}$$
$x+y=X$, $xy=Y$ とおくと，

24

$$x^2+y^2+x+y$$
$$=(x+y)^2-2xy+(x+y)$$
$$=X^2-2Y+X$$
$$x^2+y^2+xy=(x+y)^2-xy$$
$$=X^2-Y$$

であるから，①，②は，
$$\begin{cases} X^2-2Y+X=0 & \cdots ①' \\ X^2-Y=1 & \cdots ②' \end{cases}$$
となる．②' より，$Y=X^2-1$ だから，①'
に代入すると，
$$X^2-2(X^2-1)+X=0$$
$$-X^2+X+2=0$$
$$(X+1)(X-2)=0$$
$$X=-1,\ 2$$
$Y=X^2-1$ に代入すると，
$$(X,\ Y)=(-1,\ 0),\ (2,\ 3)$$

(ア) $(X,\ Y)=(-1,\ 0)$ のとき
$x+y=-1$，$xy=0$ だから，x，y は，
$$t^2+t=0$$
の2解である．$t=0$，-1 なので，
$$(x,\ y)=(0,\ -1),\ (-1,\ 0)$$

(イ) $(X,\ Y)=(2,\ 3)$ のとき
$x+y=2$，$xy=3$ だから，x，y は，
$$t^2-2t+3=0$$
の2解である．
この方程式は実数解をもたないので，この場
合，実数 x，y は存在しない．

(ア)，(イ)をあわせると，
$$(x,\ y)=(0,\ -1),\ (-1,\ 0)$$

49 考え方

2つのグラフ
$$y=2|x^2-2x|,\ y=cx+1$$
の共有点が，方程式の実数解である．
$y=cx+1$ は，つねに定点 $(0,\ 1)$ を通り，c
が変わると，傾きが変化することに着目する．

解答
$$2|x^2-2x|=cx+1$$
の実数解は，
$$\begin{cases} y=2|x^2-2x| & \cdots ① \\ y=cx+1 & \cdots ② \end{cases}$$
の共有点の x 座標である．

①のグラフをかく．
$$x^2-2x \geqq 0 \iff x \leqq 0 \text{ または } x \geqq 2$$
であるから，①は
$$y=\begin{cases} 2(x^2-2x)=2(x-1)^2-2 \\ \qquad\qquad (x \leqq 0,\ x \geqq 2) \\ 2(-x^2+2x)=-2(x-1)^2+2 \\ \qquad\qquad (0<x<2) \end{cases}$$
となる．よって，グラフは次のようになる．

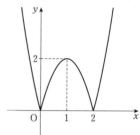

さて，②は定点 $(0,\ 1)$ を通る傾き c の直線
を表す．

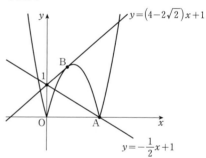

(ア) ①と②が図の点 B で接するとき
$$-2x^2+4x=cx+1,\ 0 \leqq x \leqq 2$$
は重解をもつ．整理して，
$$2x^2+(c-4)x+1=0 \qquad \cdots ③$$
$$[判別式]=(c-4)^2-8=0$$
$$c=4\pm 2\sqrt{2}$$
$c=4+2\sqrt{2}$ のとき，③より
$$2x^2+2\sqrt{2}\,x+1=0$$
$$2\left(x+\frac{\sqrt{2}}{2}\right)^2=0$$
よって，重解は $x=-\dfrac{\sqrt{2}}{2}$ となり，不適．
$c=4-2\sqrt{2}$ のとき，③より

$$2x^2 - 2\sqrt{2}\,x + 1 = 0$$
$$2\left(x - \frac{\sqrt{2}}{2}\right)^2 = 0$$

重解 $x = \dfrac{\sqrt{2}}{2}$ は $0 \le \dfrac{\sqrt{2}}{2} \le 2$ をみたすので，点 B の x 座標である．よって，

$$c = 4 - 2\sqrt{2}$$

(イ)　②が点 A$(2,\ 0)$ を通るとき
$$0 = c \cdot 2 + 1$$
$$c = -\frac{1}{2}$$

(ア), (イ) より，傾き c の変化に応じて，①と②の共有点の数，すなわち相異なる実数解の個数は次のようになる．

$$\begin{cases} c > 4 - 2\sqrt{2} & \text{のとき} \quad \textbf{2 個} \\[2mm] c = 4 - 2\sqrt{2} & \text{のとき} \quad \textbf{3 個} \\[2mm] -\dfrac{1}{2} < c < 4 - 2\sqrt{2} & \text{のとき} \quad \textbf{4 個} \\[2mm] c = -\dfrac{1}{2} & \text{のとき} \quad \textbf{3 個} \\[2mm] c < -\dfrac{1}{2} & \text{のとき} \quad \textbf{2 個} \end{cases}$$

50　考え方

$x + \dfrac{1}{x} = t$ のとき，

$$x^2 + \frac{1}{x^2} = \left(x + \frac{1}{x}\right)^2 - 2 = t^2 - 2$$

となることを利用する．

解答

まず，
$$x^4 - 6x^3 + 10x^2 - 6x + 1 = 0$$
を x^2 で割ると，

$$x^2 - 6x + 10 - \frac{6}{x} + \frac{1}{x^2} = 0$$
$$\left(x^2 + \frac{1}{x^2}\right) - 6\left(x + \frac{1}{x}\right) + 10 = 0 \quad \cdots ①$$

ここで，
$$x + \frac{1}{x} = t \qquad \cdots ②$$

とおくと，
$$x^2 + \frac{1}{x^2} = \left(x + \frac{1}{x}\right)^2 - 2 = t^2 - 2$$

であるから，①は
$$(t^2 - 2) - 6t + 10 = 0$$
$$t^2 - 6t + 8 = 0$$
$$(t - 2)(t - 4) = 0$$

となる．これを解くと，
$$t = 2,\ 4$$

$t = 2$ のとき，②に代入すれば，
$$x + \frac{1}{x} = 2$$
$$x^2 - 2x + 1 = 0$$
$$(x - 1)^2 = 0$$

よって，
$$x = 1$$

である．
また，$t = 4$ のとき，同じく②に代入して
$$x + \frac{1}{x} = 4$$
$$x^2 - 4x + 1 = 0$$
$$x = 2 \pm \sqrt{3}$$

である．
以上をまとめると，最初の方程式の解は，
$$x = 1,\ 2 \pm \sqrt{3}$$

となる．

[注]　与えられた方程式の係数は，左右対称になっている．このような特徴をもつ方程式を，一般に**相反方程式**と呼ぶ．4 次の相反方程式
$$x^4 + Ax^3 + Bx^2 + Ax + 1 = 0$$
は，本問の解答のように，全体を x^2 で割り，$x + \dfrac{1}{x} = t$ とおくことで，つねに t の 2 次方程式になおすことができる．

51　考え方

　2 式から x^2 を消去して，x の 1 次方程式をつくる．その際，同値性に注意することが肝要である．
条件 $A = 0$, $B = 0$ があるとき，

$$\begin{cases} A = 0 \implies \\ B = 0 \impliedby \end{cases} A - B = 0$$

であるから，$A - B = 0$ だけでは単なる必要条件ということになる．

解答

$$\begin{cases} x^2+px+2p+2=0 & \cdots ① \\ x^2-x-p^2-p=0 & \cdots ② \end{cases}$$

を x と p に関する連立方程式とみるとき，解 (x, p) を求めればよい．

① $-$ ② より，

$$(p+1)x+p^2+3p+2=0$$
$$(p+1)(x+p+2)=0 \qquad \cdots ③$$

(ア) $p \ne -1$ のとき

③ より，

$$x=-(p+2)$$

これが ② もみたせばよい．代入すると，

$$(p+2)^2+(p+2)-p^2-p=0$$
$$4p+6=0$$
$$p=-\frac{3}{2}$$

このとき，

$$x=-\frac{1}{2}$$

(イ) $p=-1$ のとき

①，② はそれぞれ，

$$\begin{cases} x^2-x=0 \\ x^2-x=0 \end{cases}$$

と同一の方程式となる．よって，共通解 $x=0,\ 1$ をもつ．

(ア)，(イ) より，共通解をもつ条件は，

$$p=-\frac{3}{2} \ \text{または} \ p=-1$$

そして，共通解は，

$$\begin{cases} p=-\dfrac{3}{2} \ \text{のとき,} \ x=-\dfrac{1}{2} \\ p=-1 \ \text{のとき,} \ x=0,\ 1 \end{cases}$$

[注] 解答 の (ア) の部分で，$x=-(p+2)$ を ② に代入していることで同値性を保っていることに注意してほしい．

ここでやっていることは，要するに，

$$\begin{cases} A=0 & \cdots ① \\ B=0 & \cdots ② \end{cases} \iff \begin{cases} A-B=0 & \cdots ③ \\ B=0 & \cdots ② \end{cases}$$

という同値変形なのである．① と ② を連立することは，③ と ② を連立することと同じである．③ を解いて，$x=-(p+2)$ を得ても，② と連立しなくてはならない．② に代

入しているのは，このことによるのである．

7 2次方程式の解の分離

52 考え方

2次関数のグラフをかき，$x=1$ での値に着目する．

なお，「2解の間」というとき，等号が入るのかどうかあいまいであるが，ここでは等号は入らないものと解釈する．すなわち，2解を $\alpha,\ \beta\ (\alpha \le \beta)$ とするとき，

$$\alpha < 1 < \beta$$

となる条件を求める．

解答

$y=f(x)=x^2-kx+k^2-3$ のグラフを考える．

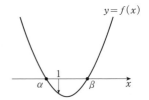

$f(x)=0$ の2解の間に1がある条件は，

$$f(1)<0$$

である．

$f(1)=k^2-k-2$ であるから，

$$k^2-k-2<0$$
$$(k+1)(k-2)<0$$

よって，

$$-1<k<2$$

53 考え方

2次関数 $f(x)$ のグラフをかいて，

$$f(0) \ \text{の正負,軸の位置,判別式}$$

に着目する．

解答

$$f(x)=x^2-2(k+1)x+2(k^2+3k-10)$$

とおく．

$f(x)$ のグラフは，

$$x=k+1$$

を軸とする放物線である．$f(x)=0$ の2解がともに正になるのは，$y=f(x)$ が x 軸の

正の部分と 2 点で交わるか，接するときである．

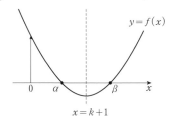

その条件は，

$$\begin{cases} f(0)=2(k^2+3k-10) \\ \quad\quad =2(k+5)(k-2)>0 \quad\quad \cdots① \\ k+1>0 \ (軸の位置) \quad\quad \cdots② \\ \dfrac{[判別式]}{4}=(k+1)^2-2(k^2+3k-10) \\ \quad\quad =-(k+7)(k-3)\geqq 0 \quad \cdots③ \end{cases}$$

である．
①，②，③の解を数直線上で表すと次のようになる．

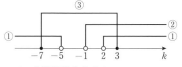

よって，共通部分をとると，

$$2<k\leqq 3$$

54 考え方

解と 0 との大小を問題にしているのだから，$x=0$ での 2 次関数の値の正負がポイントになる．あと，必要に応じて，軸や判別式の条件を加える．

解答

(1)　$f(x)=x^2+2(2m-1)x+4m^2-9$

とおく．$y=f(x)$ の軸は，

$$x=-(2m-1)$$

であり，判別式を D とすると，

$$\frac{D}{4}=(2m-1)^2-(4m^2-9)$$

$$=-4m+10$$

また，

$$f(0)=4m^2-9$$

$f(x)=0$ の解を $\alpha,\ \beta(\alpha\leqq\beta)$ とすると，$\alpha\leqq\beta<0$ になるのは，$y=f(x)$ のグラフが x 軸の $x<0$ の部分と 2 点で交わるか，接するときである．

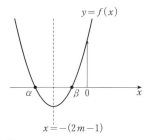

その条件は，

$$\begin{cases} f(0)=4m^2-9>0 \quad\quad\quad \cdots① \\ -(2m-1)<0 \ (軸の位置) \quad \cdots② \\ \dfrac{D}{4}=-4m+10\geqq 0 \quad\quad \cdots③ \end{cases}$$

である．数直線上で表すと，

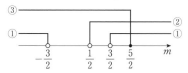

となる．よって，共通部分をとると，

$$\frac{3}{2}<m\leqq\frac{5}{2}$$

(2)　$\alpha<0<\beta$ になる条件は，

$$f(0)=4m^2-9<0$$

である（次の図を見よ）．

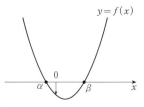

すなわち，

$$(2m+3)(2m-3)<0$$

よって，

$$-\frac{3}{2}<m<\frac{3}{2}$$

55 考え方

2次関数のグラフをかいて，次の3つに注目して条件を考える．

- $x=1$ での y の正負
- 軸 $x=a$ の位置
- 判別式（あるいは，頂点の y 座標）

解答

$f(x)=x^2-2ax+a+12$ とおく．

$y=f(x)$ のグラフは，直線 $x=a$ を軸とする放物線である．方程式 $f(x)=0$ の解 α，β $(\alpha \leqq \beta)$ が，$1<\alpha \leqq \beta$ をみたす条件は，

$$\begin{cases} f(1)=-a+13>0 & \cdots① \\ a>1 \ （軸の位置） & \cdots② \\ \dfrac{[判別式]}{4}=a^2-a-12 \geqq 0 & \cdots③ \end{cases}$$

$$（f(a) \leqq 0 \ でも同じ）$$

である（次の図を見よ）．

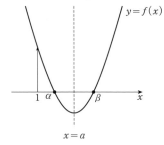

$$x=a$$

③ より

$$(a+3)(a-4) \geqq 0$$
$$a \leqq -3 \ または \ a \geqq 4$$

よって，①，②，③の解を数直線上で表すと，次のようになる．

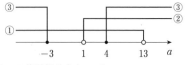

3つの共通部分をとって，

$$4 \leqq a < 13$$

56 考え方

2次関数のグラフをかき，$x=1$，$x=-2$ での値に着目する．

解答

$f(x)=x^2+a(a-3)x+a-4$ とおく．

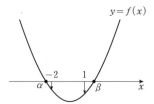

$$y=f(x)$$

$f(x)=0$ の解 α，β $(\alpha \leqq \beta)$ が

$$\alpha<-2, \ 1<\beta$$

をみたす条件は，上のグラフにより，

$$f(-2)<0 \ かつ \ f(1)<0 \quad \cdots①$$

である．

$$f(-2)=-2a^2+7a$$
$$=-a(2a-7)$$
$$f(1)=a^2-2a-3$$
$$=(a+1)(a-3)$$

であるから，① より

$$a(2a-7)>0 \ かつ \ (a+1)(a-3)<0$$

すなわち，

$$\left(a<0 \ または \ a>\frac{7}{2}\right) \ かつ \ (-1<a<3)$$

数直線上で図示すると次のようになる．

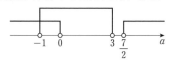

よって，

$$-1<a<0$$

57 考え方

2次関数のグラフをかいて，$x=0$，1，2 での値の正負に注目する．軸の条件や判別式は不要である．

解答

$$f(x)=x^2-2(a-1)x+(a-2)^2$$

とおくと，

$$0<\alpha<1<\beta<2$$

となる条件は，

$$\begin{cases} f(0)>0 \\ f(1)<0 \\ f(2)>0 \end{cases}$$

である.
$$f(0)=(a-2)^2$$
$$f(1)=1-2(a-1)+(a-2)^2$$
$$=a^2-6a+7$$
$$f(2)=4-4(a-1)+(a-2)^2$$
$$=a^2-8a+12$$
であるから, $f(0)>0$ の解は
$$a\neq2 \qquad \cdots①$$
また, $f(1)<0$ の解は
$$a^2-6a+7<0$$
$$(a-3)^2<2$$
より,
$$3-\sqrt{2}<a<3+\sqrt{2} \qquad \cdots②$$
であり, $f(2)>0$ の解は
$$a^2-8a+12>0$$
$$(a-2)(a-6)>0$$
より,
$$a<2 \text{ または } 6<a \qquad \cdots③$$
である.

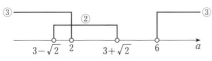

①, ②, ③ の共通部分をとれば, 求める a の範囲は
$$3-\sqrt{2}<a<2$$

58 考え方

条件は
$$(\alpha\geqq0, \beta\geqq0) \text{ かつ } (\alpha\leqq1, \beta\leqq1)$$
と同じである. すなわち, 2解とも0以上になる条件と, 2解とも1以下になる条件を考えればよい.

解答

$f(x)=x^2-ax+b$ とおく.
まず, $f(x)=0$ の解 α, β が実数になることから,
$$[判別式]=a^2-4b\geqq0 \qquad \cdots①$$

次に,
$$\alpha\geqq0, \beta\geqq0$$
になる条件は,
$$\begin{cases} f(0)=b\geqq0 & \cdots② \\ \dfrac{a}{2}\geqq0 \text{ (軸の位置)} & \cdots③ \end{cases}$$

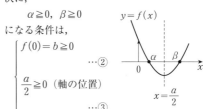

同様に,
$$\alpha\leqq1, \beta\leqq1$$
になる条件は,
$$\begin{cases} f(1)=1-a+b\geqq0 & \cdots④ \\ \dfrac{a}{2}\leqq1 \text{ (軸の位置)} & \cdots⑤ \end{cases}$$

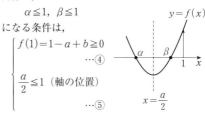

①〜⑤ をまとめると,
$$\begin{cases} b\leqq\dfrac{a^2}{4}, \quad 0\leqq a\leqq2, \\ b\geqq0, \quad b\geqq a-1 \end{cases}$$

これを ab 平面上で図示すると, 次のようになる.

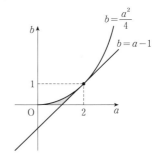

[注] 解答 では, $\alpha\geqq0, \beta\geqq0$ と, $\alpha\leqq1$, $\beta\leqq1$ の条件を別々に出して, あとでまとめたが, 最初から両方同時に考えると,

$$\begin{cases} f(0)\geqq0, \quad f(1)\geqq0 \\ 0\leqq\dfrac{a}{2}\leqq1 \text{ (軸の条件)} \\ [判別式]\geqq0 \end{cases}$$

となる.

59 【考え方】

$f(x)=x^2+ax+b$ のグラフを利用する.
一般に，2次方程式がある区間に少なくとも
1つ解をもつ条件を求めることはめんどうな
問題であり，どういう方法をとるにしても場
合分けは避けられないようである．例えば，
2個もつ場合と1個もつ場合に分けるのも素
直な場合分けであるが，重解の場合，$x=0$
が解になるときの処理などで案外大変である．
ここでは次の2通りの方法で解いてみる．

［I］$x>0$ における $f(x)$ の増減の様子
で場合分けする．具体的には軸の位置に着目
することになる．

［II］$f(0)$ が正，0，負のいずれかで場合分
けする．$f(0)=0$ の場合を独立して扱わな
ければならない点が要注意である．

【解 答】

［解答I］ $f(x)=x^2+ax+b$
$$=\left(x+\frac{a}{2}\right)^2+b-\frac{a^2}{4}$$

とおく．

(ア) $-\dfrac{a}{2}\leqq0$（すなわち $a\geqq0$）のとき

$f(x)$ は $x>0$ に
おいて，単調に増加
するから，
$$f(0)=b<0$$
よって，
$$b<0$$

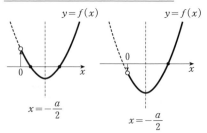

(イ) $-\dfrac{a}{2}>0$（すなわち $a<0$）のとき

$f(x)$ は $0<x\leqq-\dfrac{a}{2}$ で減少し，$x\geqq-\dfrac{a}{2}$

で増加するから，求める条件は，
$$f\left(-\frac{a}{2}\right)=b-\frac{a^2}{4}\leqq0$$

よって，
$$b\leqq\frac{a^2}{4}$$

(ア), (イ)より，a, b の条件は，
$$\begin{cases} a\geqq0 \text{ のとき } b<0 \\ a<0 \text{ のとき } b\leqq\dfrac{a^2}{4} \end{cases}$$

これを図示すると，次のようになる．

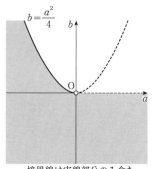

境界線は実線部分のみ含む

［注］ (イ)の2つの図からわかるように，(イ)
のとき，$f(0)>0$ なら正の解は2個，$f(0)\leqq0$
なら正の解は1個である．いずれにしても条
件は成り立つので，$f(0)$ の正負はどちらで
もよいわけである．

［解答II］ $f(x)=x^2+ax+b$ とおく．
$$f(0)=b$$
の正負で，次のように3通りに分ける．

(ア) $b>0$ のとき

$x>0$ に少なくとも1つ解をもつとき，必然
的に，2解とも正になる．したがって，その
条件は，
$$\begin{cases} \text{［判別式］}=a^2-4b\geqq0 \\ -\dfrac{a}{2}>0 \text{（軸の位置）} \end{cases}$$
である．よって，
$$a<0 \text{ かつ } b\leqq\frac{a^2}{4}$$

(イ) $b=0$ のとき

方程式は $x^2+ax=0$ となるから，

$$x=0,\ -a$$

よって，$x>0$ に少なくとも１つ解をもつ条件は，

$$-a>0$$

すなわち，

$$a<0$$

(ウ)　$b<0$ のとき

$f(x)=0$ は正の解と負の解をもつから，条件はつねにみたされる．

(ア)，(イ)，(ウ)をまとめると，

$$\begin{cases} b>0 \ \text{のとき，}\ a<0\ \text{かつ}\ b\leqq\dfrac{a^2}{4} \\ b=0 \ \text{のとき，}\ a<0 \\ b<0 \ \text{のとき，}\ a\ \text{は任意} \end{cases}$$

となる．

この結果を図示すると［解答Ⅰ］と同じ図を得る．

60　考え方

$x^2=t$ とおくと t の２次方程式になるが，t の値は任意の実数ではないことに注意する．例えば，$t=-2$ のとき，$x=\pm\sqrt{2}\,i$ と虚数解になってしまう．

解答

$x^2=t$ とおくと，t の２次方程式

$$t^2-pt+p^2-p-2=0 \qquad \cdots①$$

となる．

①の解を $t=\alpha,\ \beta$ とすると，x は，

$$x=\pm\sqrt{\alpha},\ \pm\sqrt{\beta}$$

となるから，これが相異なる４つの実数解になる条件は，

$$\alpha>0,\ \beta>0,\ \alpha\neq\beta$$

である．よって，①が相異なる２つの正の解をもてばよい．①の左辺を $f(t)$ とおくと，その条件は，

$$\begin{cases} f(0)=(p+1)(p-2)>0 & \cdots② \\ \dfrac{p}{2}>0 \ \text{（軸の位置）} & \cdots③ \\ [\text{判別式}]=-3p^2+4p+8>0 & \cdots④ \end{cases}$$

である．

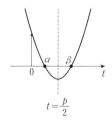

$$t=\frac{p}{2}$$

②より

$$p<-1 \ \text{または}\ p>2$$

③より

$$p>0$$

④より

$$3p^2-4p-8<0$$

よって，

$$\frac{2-2\sqrt{7}}{3}<p<\frac{2+2\sqrt{7}}{3}$$

である．

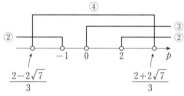

②，③，④の共通部分をとって，

$$2<p<\frac{2+2\sqrt{7}}{3}$$

8　最大・最小と存在範囲

61　考え方

y を消去すると，x の２次関数になる．

解答

$z=xy$ とおく．$x+y=k$ より

$$y=k-x$$

である．これを代入すると，

$$z=x(k-x)=-x^2+kx$$
$$=-\left(x-\frac{k}{2}\right)^2+\frac{k^2}{4}$$

となる．よって，z は $x=\dfrac{k}{2}$ のとき最大値 $\dfrac{k^2}{4}$ をとる．また，このとき，

$$y = k - x = k - \frac{k}{2} = \frac{k}{2}$$

である．以上をまとめると次のようになる．

xy は $\boldsymbol{x = y = \dfrac{k}{2}}$ のときに最大値 $\dfrac{\boldsymbol{k}^2}{4}$ をとる．

62 (考え方)

x^2 を消去すると，y の2次関数になる．
ただし，y は実数全体を変化せずに

$$-1 \leqq y \leqq 1$$

であることに注意する．

(解答)

$$z = x^2 + 4y$$

とおく．

$$x^2 + y^2 = 1$$

より

$$x^2 = 1 - y^2$$
$$(-1 \leqq y \leqq 1)$$

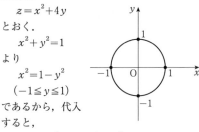

であるから，代入
すると，

$$z = x^2 + 4y = (1 - y^2) + 4y$$
$$= -y^2 + 4y + 1 \quad (-1 \leqq y \leqq 1)$$

となる．よって，

$$f(y) = -y^2 + 4y + 1$$
$$= -(y - 2)^2 + 5$$

の $-1 \leqq y \leqq 1$ での最大・最小を求めればよい．
グラフは次のようになる．

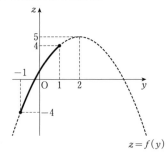

よって，

$y = 1$ のときに最大値 4
$y = -1$ のときに最小値 -4

をとる．

$y = 1$ のときは

$$x^2 = 1 - 1 = 0, \quad x = 0$$

となる．
また，$y = -1$ のときも $x = 0$ である．
以上から，次のようになる．

$(x, y) = (0, 1)$ のときに最大値 4 をとり，
$(x, y) = (0, -1)$ のときに最小値 -4 をとる．

[注] ここでは $x^2 + y^2 = 1$ が円であることから，y の範囲 $-1 \leqq y \leqq 1$ がすぐに出るが，式計算だけで次のようにしてもよい．

$$x^2 = 1 - y^2$$
$$x = \pm\sqrt{1 - y^2}$$

なので，x が実数になることより

$$1 - y^2 \geqq 0$$

となる．この不等式を解けば

$$-1 \leqq y \leqq 1$$

を得る．この方法ならば，x, y の関係式がもっと複雑な場合にも適用できる．

63 (考え方)

$y = t^2 + 6t + 10$ のグラフの軸と t の範囲の位置関係に注意する．

(解答)

$$t = x^2 - 2x$$
$$= (x - 1)^2 - 1 \geqq -1$$
$$(等号は \ x = 1 \ のとき)$$

であるから，t のとる値の範囲は，

$$t \geqq -1$$

である．この範囲で $y = t^2 + 6t + 10$ のグラフをかく．
平方完成すると，

$$y = (t + 3)^2 + 1$$

だから，次のようになる．

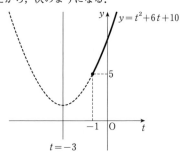

このグラフから，

$$t=-1 \text{ のとき } y \text{ は最小値 } 5$$

をとる．

また，$t=-1$ のとき，

$$x^2-2x=-1 \text{ より，} x=1 \text{（重解）}$$

となる．

以上をまとめると，順に

$$-1, \quad -1, \quad 1, \quad 5$$

64　考え方

$f(x, y)$ という記号は見慣れない人もいるかもしれないが，要するに，「x と y で定まる式」という意味である．x の関数のことを $f(x)$ などとかくが，x だけでなく，y も含まれていて，変数が x と y の 2 つだということを明示したいために，このような記号を用いている．

さて，このように変数が 2 個ある場合には，どちらか一方の変数を固定して考えるのが，有効な方法である．

解答

まず y を固定する．このとき $f(x, y)$ は x の 2 次関数となるから，平方完成すると，

$$
\begin{aligned}
f(x, y) &= x^2-4y \cdot x+(5y^2-4y+3) \\
&= (x-2y)^2+y^2-4y+3
\end{aligned}
$$

となる．

よって，$x=2y$ のときに最小値

$$y^2-4y+3 \qquad \cdots①$$

をとる．

次に y を変化させたときの①の最小値を求めれば，これが $f(x, y)$ の真の最小値となる．

$g(y)=y^2-4y+3$ とおくと，

$$g(y)=(y-2)^2-1$$

となるので，$g(y)$ は $y=2$ のとき，最小値 -1 をとる．

よって，

$$f(x, y) \text{ の最小値は } -1$$

また，最小になるとき，

$$x=2y, \quad y=2$$

であるから，

$$\boldsymbol{x=4, \quad y=2}$$

65　考え方

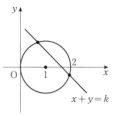

$x^2+y^2=2x$ は xy 平面上の円を表す．このときに $x+y$ が k という値をとれるのは，

$$
\begin{cases}
x^2+y^2=2x \\
x+y=k
\end{cases}
$$

を同時にみたす点 (x, y) が存在する，ということである．いいかえれば，上の連立方程式が実数解をもつということになる．

解答

$x^2+y^2=2x$ の下で，$x+y$ がとる値の範囲に k が含まれる条件は，連立方程式

$$
\begin{cases}
x^2+y^2=2x & \cdots① \\
x+y=k & \cdots②
\end{cases}
$$

が実数解をもつことである．

②より

$$y=k-x$$

①に代入すると，

$$x^2+(k-x)^2=2x$$
$$2x^2-2(k+1)x+k^2=0$$

この 2 次方程式が実数解をもてば，$y=k-x$ なので，y も実数となる．よって，

$$\frac{[判別式]}{4}=(k+1)^2-2k^2 \geqq 0$$
$$-k^2+2k+1 \geqq 0$$
$$k^2-2k-1 \leqq 0$$

$k^2-2k-1=0$ を解くと

$$k=1 \pm \sqrt{2}$$

となるから，上の不等式の解は

$$1-\sqrt{2} \leqq k \leqq 1+\sqrt{2}$$

である．したがって，$x+y$ の

$$\text{最大値は } \boldsymbol{1+\sqrt{2}}, \text{ 最小値は } \boldsymbol{1-\sqrt{2}}$$

である．

[注1]　①かつ②が実数解 (x, y) をもつということは，図形的にいえば，円①と直線②が共有点をもつということになる．円①の中心 $(1, 0)$ と直線②の距離 d は，

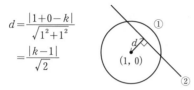

$$d=\frac{|1+0-k|}{\sqrt{1^2+1^2}}$$

$$=\frac{|k-1|}{\sqrt{2}}$$

であるから，共有点をもつ条件は，$d\leqq1$ から，

$$\frac{|k-1|}{\sqrt{2}}\leqq1$$

$$-\sqrt{2}\leqq k-1\leqq\sqrt{2}$$

$$1-\sqrt{2}\leqq k\leqq1+\sqrt{2}$$

となる．このようにして k の範囲を求めることもできる．

[注2] 三角関数を利用すれば，次のように解くこともできる．

$x^2+y^2=2x$ より

$(x-1)^2+y^2=1$

となり，これは点 $(1,\ 0)$ を中心とする半径 1 の円である．

よって，図のように角 θ をとれば，

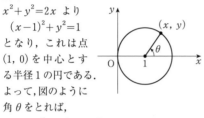

$$\begin{cases} x-1=\cos\theta \\ y=\sin\theta \end{cases} \quad (0\leqq\theta\leqq2\pi)$$

とパラメータ表示される．これから，

$$x+y=1+\sin\theta+\cos\theta$$

$$=1+\sqrt{2}\sin\left(\theta+\frac{\pi}{4}\right)$$

と表されるので，$x+y$ の最大値は $1+\sqrt{2}$，最小値は $1-\sqrt{2}$ である．

66 （考え方）

本問のように，x と y が独立に変化する場合には，1 つの変数を固定して，1 変数化する方法が基本的である．x と y のどちらを固定するかによって，あとの処理が変わる．

[Ⅰ] $x=a$（一定）を固定すると，

$$f(a,\ y)=3y^2-4ay+3a-2y+1$$

$$=3y^2-(4a+2)y+3a+1$$

と y の 2 次関数となる．

[Ⅱ] $y=b$（一定）を固定すると，

$$f(x,\ b)=3b^2-4xb+3x-2b+1$$

$$=(3-4b)x+3b^2-2b+1$$

と x の 1 次関数となる．

[Ⅰ] と [Ⅱ] を比べて，扱いやすいと思う方を選べばよい．以下では，2 通りやってみる．

（解答）

[解答Ⅰ] まず $x=a$（$0\leqq a\leqq1$）と固定する．このとき，

$$z=f(a,\ y)=3y^2-(4a+2)y+3a+1$$

$$=3\left(y-\frac{2a+1}{3}\right)^2-\frac{(2a+1)^2}{3}+3a+1$$

である．$0\leqq a\leqq1$ より $\frac{1}{3}\leqq\frac{2a+1}{3}\leqq1$ であるから，$y=\frac{2a+1}{3}$ のときに z は最小値

$$g(a)=-\frac{(2a+1)^2}{3}+3a+1$$

$$=-\frac{4}{3}a^2+\frac{5}{3}a+\frac{2}{3}$$

をとる．

次に，a を $0\leqq a\leqq1$ で変化させたときの $g(a)$ の最小値を求める．これが真の最小値となる．

$$g(a)=-\frac{4}{3}a^2+\frac{5}{3}a+\frac{2}{3}$$

$$=-\frac{4}{3}\left(a-\frac{5}{8}\right)^2+\frac{19}{16}$$

上のグラフより，$g(a)$ は $a=0$ のとき最小値 $\frac{2}{3}$ をとる．以上から，

$$最小値は\ \frac{2}{3}$$

[解答Ⅱ] まず $y=b$（$0\leqq b\leqq1$）と固定する．このとき，

$$z=f(x,\ b)=3b^2-4bx+3x-2b+1$$

$$=(3-4b)x+3b^2-2b+1$$

は x の 1 次関数である．傾き $3-4b$ の正負

で場合分けする.

(ア) $3-4b \geqq 0$ $\left(\text{すなわち } 0 \leqq b \leqq \dfrac{3}{4}\right)$ のとき

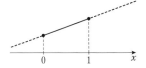

z は x の増加関数であるから, $x=0$ のとき
に最小値

$$(3-4b) \cdot 0 + 3b^2 - 2b + 1 = 3b^2 - 2b + 1$$

をとる. 次に, b を $0 \leqq b \leqq \dfrac{3}{4}$ で変化させ
たときの

$$g(b) = 3b^2 - 2b + 1$$

の最小値を求める.

$$g(b) = 3\left(b - \dfrac{1}{3}\right)^2 + \dfrac{2}{3}$$

であるから, $b = \dfrac{1}{3}$ の
とき

$$\text{最小値 } \dfrac{2}{3}$$

をとる.

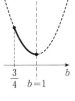

(イ) $3-4b \leqq 0$ $\left(\text{すなわち } \dfrac{3}{4} \leqq b \leqq 1\right)$ のとき

z は x の減少関数であるから, $x=1$ のとき
に最小値

$$(3-4b) \cdot 1 + 3b^2 - 2b + 1 = 3b^2 - 6b + 4$$

をとる. 次に, b を $\dfrac{3}{4} \leqq b \leqq 1$ で変化させた
ときの

$$h(b) = 3b^2 - 6b + 4$$

の最小値を求める.

$$h(b) = 3(b-1)^2 + 1$$

であるから, $b=1$ の
とき

$$\text{最小値 } 1$$

をとる.

(ア)と(イ)の最小値 $\dfrac{2}{3}$ と 1 を比べると, 真の

最小値は $\dfrac{2}{3}$ である. つまり,

$$\text{最小値は } \dfrac{2}{3}$$

67 考え方

$x+y=k$ とおいて, 正の数 x, y が存在
する k の条件を求めればよい.

解答

$x+y$ が k という値をとることができるのは,

$$\begin{cases} \dfrac{1}{x} + \dfrac{1}{y} = 1 & \cdots \text{①} \\ x > 0, \ y > 0 & \cdots \text{②} \\ x + y = k & \cdots \text{③} \end{cases}$$

を同時にみたす x, y が存在するときである.
① から分母を払うと,

$$y + x = xy$$

これと ③ から,

$$x + y = k, \quad xy = k$$

となる. したがって, 解と係数の関係により,
x, y は t の2次方程式

$$t^2 - kt + k = 0$$

の2解である. 条件 ② より, この2次方程
式の2解がともに正であればよい.
$f(t) = t^2 - kt + k$ のグラフを考えると, そ
の条件は,

$$\begin{cases} f(0) = k > 0 & \cdots \text{④} \\ \dfrac{k}{2} > 0 \ (\text{軸の位置}) & \cdots \text{⑤} \\ [\text{判別式}] = k^2 - 4k \geqq 0 & \cdots \text{⑥} \end{cases}$$

である.

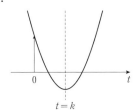

⑥ より

$$k(k-4) \geqq 0$$
$$k \leqq 0 \ \text{または} \ k \geqq 4$$

これと ④, ⑤ から k の範囲は

$$k \geqq 4$$

となる. つまり $x+y$ の値の範囲は

$$x+y\geqq 4$$

68 解答

(1) 条件式 $x^2+xy+y^2=3$ は
$$(x+y)^2-xy=3$$
と変形できる．この式に
$$x+y=u,\ xy=v$$
を代入すると，
$$u^2-v=3$$
となる．よって，
$$v=u^2-3$$

(2) $x+y=u,\ xy=v$ なので，$x,\ y$ は t の
2次方程式
$$t^2-ut+v=0$$
の2解である．よって，$x,\ y$ が実数になる
条件は，
$$[判別式]=u^2-4v\geqq 0$$
これに(1)の $v=u^2-3$ を代入する．
$$u^2-4(u^2-3)\geqq 0$$
$$-3u^2+12\geqq 0 \qquad u^2-4\leqq 0$$
$$(u+2)(u-2)\leqq 0$$
よって，u の範囲は
$$-2\leqq u\leqq 2$$

(3) $z=x+xy+y$ とおく．
(1), (2)の結果から
$$\begin{cases} x+y=u \\ xy=u^2-3 \end{cases} \quad (-2\leqq u\leqq 2)$$
であるから，
$$\begin{aligned} z&=xy+(x+y) \\ &=u^2-3+u \\ &=u^2+u-3 \\ &=\left(u+\frac{1}{2}\right)^2-\frac{13}{4} \end{aligned}$$
となる．$-2\leqq u\leqq 2$ でグラフをかくと，次
のようになる．

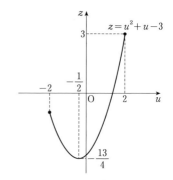

よって，z の範囲は $-\dfrac{13}{4}\leqq z\leqq 3$

したがって，
$$-\frac{13}{4}\leqq x+xy+y\leqq 3$$

69 考え方

$Q(X,\ Y)$ とおき，$x,\ y$ が与えられた範
囲におさまるような $X,\ Y$ の条件を求める．

解答

$x,\ y$ の条件は，
$$-1\leqq x\leqq 1 \ \ かつ\ \ -1\leqq y\leqq 1 \ \ \cdots ①$$
である．さて，$Q(X,\ Y)$ とおくと，
$$\begin{cases} X=x+y & \cdots② \\ Y=x^2+y^2 & \cdots③ \end{cases}$$
$②^2-③$ より，
$$X^2-Y=(x+y)^2-(x^2+y^2)=2xy$$
よって，
$$xy=\frac{X^2-Y}{2} \qquad \cdots④$$
②，④から，解と係数の関係により $x,\ y$ は
t の2次方程式
$$t^2-Xt+\frac{X^2-Y}{2}=0 \qquad \cdots⑤$$
の2解として求められる．この2解 $x,\ y$ が
① をみたすような $X,\ Y$ の条件を求めれば
よい．⑤の左辺を $f(t)$ とおく．① は，方程
式⑤ が区間 $-1\leqq t\leqq 1$ に2実数解（重解を
含む）をもつということだから，その条件は，

$$\begin{cases} [判別式]=X^2-4\cdot\dfrac{X^2-Y}{2}\geqq 0 \\ f(-1)=1+X+\dfrac{X^2-Y}{2}\geqq 0 \\ f(1)=1-X+\dfrac{X^2-Y}{2}\geqq 0 \\ -1\leqq\dfrac{X}{2}\leqq 1 \quad (軸の位置) \end{cases}$$

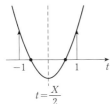

$$t=\dfrac{X}{2}$$

で与えられる．整理すると，

$$\begin{cases} Y\geqq\dfrac{X^2}{2} \\ Y\leqq X^2+2X+2=(X+1)^2+1 \\ Y\leqq X^2-2X+2=(X-1)^2+1 \\ -2\leqq X\leqq 2 \end{cases}$$

となる．X，Y を x，y にして xy 平面上で図示すると，次のようになる．

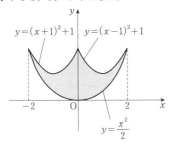

第3章　個数の処理

9　場合の数

70　[解答]

(1)　1 の位のとり方が　　　　　　　　4 通り
その各々に対して 10 の位のとり方が
　　　　　　　　　　　　　　　　　3 通り
その各々に対して 100 の位のとり方が
　　　　　　　　　　　　　　　　　2 通り
その各々に対して 1000 の位のとり方が
　　　　　　　　　　　　　　　　　1 通り
である．よって，
$$4\times 3\times 2\times 1=\textbf{24 通り}$$
(2)　末尾つまり 1 の位は 1 と決まる．よって，残りの 2，3，4 から，10 の位，100 の位，1000 の位を順にとると，(1)と同様にして
$$3\times 2\times 1=\textbf{6 通り}$$
(3)　偶数になる条件は 1 の位が偶数であることだから，
　　1 の位のとり方は 2 か 4 で　　2 通り
その各々に対して 10 の位，100 の位，1000 の位のとり方が(2)と同様に
$$3\times 2\times 1 通り$$
よって，偶数になるものは
$$2\times(3\times 2\times 1)=\textbf{12 通り}$$

71　[考え方]

(3)はベン図などをかいて考えるとよい．

[解答]

(1)　$\dfrac{200}{3}=66.6\cdots$ なので，
$$3\times 66<200<3\times 67$$
である．したがって，A の要素の全体は
$$3\times 1,\ 3\times 2,\ \cdots,\ 3\times 66$$
である．よって，$n(A)=\textbf{66}$ である．
同様に，
$$\dfrac{200}{5}=40,\quad \dfrac{200}{7}=28.5\cdots$$
より，B の要素の全体は
$$5\times 1,\ 5\times 2,\ \cdots,\ 5\times 40$$
であり，C の要素の全体は

$$7 \times 1, \ 7 \times 2, \ \cdots, \ 7 \times 28$$

となる．よって，

$$n(B)=\mathbf{40}, \quad n(C)=\mathbf{28}$$

(2) （3 の倍数かつ 5 の倍数）であることは，

15 の倍数であることと同値

であるから，$A \cap B$ は N の中で 15 の倍数

になるものである．$\dfrac{200}{15}=13.3\cdots$ なので，

$A \cap B$ の要素は

$$15 \times 1, \ 15 \times 2, \ \cdots, \ 15 \times 13$$

よって，

$$n(A \cap B)=\mathbf{13}$$

同様に $A \cap B \cap C$ は N の中で $3 \cdot 5 \cdot 7 (=105)$

の倍数になるものなので，

$$A \cap B \cap C \text{ の要素は } 105 \text{ のみ}$$

よって，

$$n(A \cap B \cap C)=\mathbf{1}$$

(3) $n(A \cup B)=n(A)+n(B)-n(A \cap B)$
$$=66+40-13$$
$$=\mathbf{93}$$

次に，

$n(A \cup B \cup C)=n(A)+n(B)+n(C)$
$$-n(A \cap B)-n(A \cap C)-n(B \cap C)$$
$$+n(A \cap B \cap C)$$

であるが，(2) と同様にして

$$\frac{200}{3 \cdot 7}=9.5\cdots \qquad \frac{200}{5 \cdot 7}=5.7\cdots$$

より

$$A \cap C=\{21 \times 1, \ 21 \times 2, \ \cdots, \ 21 \times 9\}$$
$$B \cap C=\{35 \times 1, \ 35 \times 2, \ \cdots, \ 35 \times 5\}$$
$$n(A \cap C)=9, \quad n(B \cap C)=5$$

である．これらを代入すると，

$n(A \cup B \cup C)=66+40+28-13-9-5+1$
$$=\mathbf{108}$$

72 考え方

例えば $n=3$ として，$X=\{a, b, c\}$ の

場合を考えてみる．

X の部分集合は空集合 ϕ と X 自身を入れる

と次の 8 個ある．

$$\phi, \ \{a\}, \ \{b\}, \ \{c\},$$
$$\{a, b\}, \ \{a, c\}, \ \{b, c\},$$
$$\{a, b, c\}$$

これら 8 個の部分集合は，各々の要素 a, b,
c が部分集合に参加するか否か（属するか否
か）を定めることで決定される．具体的には
次の表のようになる．（参加するとき○印，
そうでないとき×印をつけている．）

a	b	c	部分集合
○	○	○	$\{a, b, c\}$
○	○	×	$\{a, b\}$
○	×	○	$\{a, c\}$
○	×	×	$\{a\}$
×	○	○	$\{b, c\}$
×	○	×	$\{b\}$
×	×	○	$\{c\}$
×	×	×	ϕ

a が○になるか×になるかで 2 通り，b, c
も同様であるから，○，×のつけ方は全部で

$$2 \times 2 \times 2=8 \text{ 通り}$$

ある．したがって，部分集合も 8 個というわ
けである．この考え方を一般化すればよい．

解答

X の部分集合 S は，X の各要素が S に属す
るか否かを定めることで決定される．

X の要素 x を 1 つとるとき，

$$\text{属する，属さない}$$

の 2 つの選択肢がある．X には n 個の要素
があるから，全体では

$$\underbrace{2 \times 2 \times \cdots \times 2}_{n \text{ 個}}=2^n \text{ 通り}$$

の選択肢がある．よって，X の部分集合は
全部で 2^n 個である．

次に，$S \cap T=\phi$ なる 2 つの部分集合 S, T
を定めることを考える．今度は各要素 x に
対して，

$$S \text{ に属する，} T \text{ に属する，}$$
$$\text{いずれにも属さない}$$

の 3 通りの選択肢がある．よって，全体では
3^n 通りとなる．

73 解答

(1) $X=\{1, 2, 3, \cdots, 100\}$ とし，X の要
素のうち，

$$2 \text{ で割り切れるもの全体を } A$$
$$3 \text{ で割り切れるもの全体を } B$$

とする．すると，
$$A=\{2\times1,\ 2\times2,\ \cdots,\ 2\times50\}$$
$$B=\{3\times1,\ 3\times2,\ \cdots,\ 3\times33\}$$
なので，
$$n(A)=50,\ n(B)=33$$
である．また，

$A\cap B=2$ かつ 3 で割り切れるものの全体
　　　　$=6$ で割り切れるものの全体

つまり
$$A\cap B=\{6\times1,\ 6\times2,\ \cdots,\ 6\times16\}$$
なので，
$$n(A\cap B)=16$$

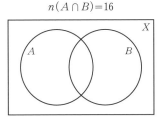

求めるものは $n(A\cup B)$ である．包除原理より
$$n(A\cup B)=n(A)+n(B)-n(A\cap B)$$
$$=50+33-16$$
$$=\mathbf{67}$$

(2)　X の要素のうち，5 で割り切れるもの全体を C とすると，
$$C=\{5\times1,\ 5\times2,\ \cdots,\ 5\times20\}$$
なので，
$$n(C)=\mathbf{20}$$

(3)

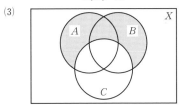

(1)の $A\cap B$ と同様にして
$$A\cap C=\{10\times1,\ 10\times2,\ \cdots,\ 10\times10\}$$
$$B\cap C=\{15\times1,\ 15\times2,\ \cdots,\ 15\times6\}$$
また，$A\cap B\cap C$ は 2 でも 3 でも 5 でも割り切れるものの全体，つまり $2\times3\times5=30$ で割り切れるものの全体であるから，

$$A\cap B\cap C=\{30\times1,\ 30\times2,\ 30\times3\}$$
である．$n(A\cup B\cup C)-n(C)$ が求めるものである．
$$n(A\cup B\cup C)=n(A)+n(B)+n(C)$$
$$-n(A\cap B)-n(A\cap C)-n(B\cap C)$$
$$+n(A\cap B\cap C)$$
$$=50+33+20-16-10-6+3$$
$$=74$$
なので，
$$n(A\cup B\cup C)-n(C)$$
$$=74-20=\mathbf{54}$$

74　解答

6 桁の数 N を
$$N=abcdef$$
と表す．ここで，a, b, c, d, e, f はそれぞれ 10^5 から 10^0 の位の数である．a, b, c, d, e, f の順に定めていく．

$a\neq0$ だが，b から f は 0 でもよいことに注意すると，
　　　　a の選び方は　5 通り
そのうち
　　　　b の選び方は　5 通り
$\left(\begin{array}{l}0\sim5\text{ の中から }a\text{ としてとったもの}\\ \text{以外の }5\text{ つから選ぶ}\end{array}\right)$
以下同様にして
　　　　c の選び方は　4 通り
　　　　d の選び方は　3 通り
　　　　e の選び方は　2 通り
　　　　f の選び方は　1 通り
よって，N の総数は
$$5\times5\times4\times3\times2\times1$$
$$=\mathbf{600}\text{ 個}$$
次に，122 番目の N を求める．
$a=1$ である N の総数は
$$5\times4\times3\times2\times1=120\text{ 個}$$
$a=2$ であるものも 120 個であるから，
122 番目は $a=2$ の中にある．
$$122-120=2$$
なので，$a=2$ である N のうち，小さい方から 2 番目の数が 122 番目となる．つまり，小さい順に並べると，次のようになる．

$$\left.\begin{array}{l}102345\\102354\\\vdots\\154320\end{array}\right\}120\,個$$

$$\left.\begin{array}{l}201345\\☆201354\\\vdots\\254310\end{array}\right\}120\,個$$

$$\vdots$$

上で☆印が122番目である．よって

201354

最後に，偶数になる N の個数を求める．
偶数になる N は $a \neq 0$ に加えて，

$$f = 0,\ 2,\ 4\ のいずれか$$

をみたさねばならない．

そこで，$a,\ f,\ b,\ c,\ d,\ e$ の順に選ぶ．f の選び方のうち，$a=2$ または $a=4$ のとき 1 回少なくなるから，まず $a,\ f$ のとり方を調べる．

　(ア)　$a = 2,\ 4$
　(イ)　$a = 1,\ 3,\ 5$

で 2 つに分ける．

(ア)　$a = 2$ または 4 のとき
f は $0,\ 2,\ 4$ のうち a 以外の 2 通り
よって，$a,\ f$ のとり方は

$$2 \times 2 = 4\ 通り$$

(イ)　$a = 1$ または 3 または 5 のとき
f は $0,\ 2,\ 4$ の 3 通り
よって，$a,\ f$ のとり方は

$$3 \times 3 = 9\ 通り$$

(ア), (イ) より，$a,\ f$ のとり方は

$$4 + 9 = 13\ 通り$$

である．このそれぞれに対して $b,\ c,\ d,\ e$ のとり方は

$$4 \times 3 \times 2 \times 1\ 通り$$

だから，偶数となる N の個数は

$$13 \times (4 \times 3 \times 2 \times 1)$$
$$= \textbf{312}\ 個$$

75　考え方

　全体から条件をみたさないものを次々と除いていく．つまり，1 を含まないもの，2 を

含まないもの，…，1 も 2 も含まないもの，…．重複して除いたものは，その分を復活させる．
以上の考え方は，つまり，包除原理の適用である．

解答

$1,\ 2,\ 3$ の数字から成る n 桁の正の整数を X とする．$n(X) = 3^n$ である．X の要素のうち

$$1\ を含むものの全体を\ A$$
$$2\ を含むものの全体を\ B$$
$$3\ を含むものの全体を\ C$$

とする．

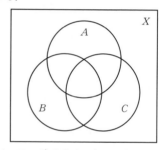

$n(A \cap B \cap C)$ が求めるものである．
$A,\ B,\ C$ よりも補集合の $\overline{A},\ \overline{B},\ \overline{C}$ の方が個数を求めやすいので，補集合

$$\overline{A \cap B \cap C} = \overline{A} \cup \overline{B} \cup \overline{C}$$

を考えて，

$$n(A \cap B \cap C) = n(X) - n(\overline{A} \cup \overline{B} \cup \overline{C})$$
$$\cdots ①$$

により計算する．さて，

$$\overline{A} = (1\ を含まないものの全体)$$
$$= (2\ と\ 3\ を並べてできる\ n\ 桁の数の$$
$$全体)$$

なので，

$$n(\overline{A}) = 2^n$$

同様に

$$n(\overline{B}) = 2^n,\quad n(\overline{C}) = 2^n$$

である．また，

$$\overline{A} \cap \overline{B} = (1\ も\ 2\ も含まないものの全体)$$
$$= \begin{pmatrix}3\ だけを並べてできる\ n\ 桁の\\数の全体\end{pmatrix}$$
$$= (33\cdots3\ だけからなる集合)$$

なので,
$$n(\overline{A} \cap \overline{B})=1$$
同様に
$$n(\overline{A} \cap \overline{C})=1, \ n(\overline{B} \cap \overline{C})=1$$
である. また,
$$\overline{A} \cap \overline{B} \cap \overline{C}=(1 \text{ も } 2 \text{ も } 3 \text{ も含まない数の}$$
$$\text{全体})$$
$$=(\text{空集合})$$
なので,
$$n(\overline{A} \cap \overline{B} \cap \overline{C})=0$$
よって, 包除原理により
$$n(\overline{A} \cup \overline{B} \cup \overline{C})=n(\overline{A})+n(\overline{B})+n(\overline{C})$$
$$-n(\overline{A} \cap \overline{B})-n(\overline{A} \cap \overline{C})-n(\overline{B} \cap \overline{C})$$
$$+n(\overline{A} \cap \overline{B} \cap \overline{C})$$
$$=2^n+2^n+2^n-1-1-1+0=3 \cdot 2^n-3$$
となる.
よって, ① から
$$n(A \cap B \cap C)=3^n-(3 \cdot 2^n-3)$$
$$=3^n-3 \cdot 2^n+3$$

76 解答

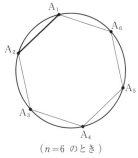

（$n=6$ のとき）

n 個の頂点を A_1, A_2, $\cdots$, A_n とする.
共有する辺のとり方は
$$A_1 A_2, \ A_2 A_3, \ \cdots, \ A_n A_1$$
の n 通りある.
例えば $A_1 A_2$ を共有辺とする. 残りの頂点の
とり方は A_1, A_2 以外の
$$A_3, \ \cdots, \ A_n$$
の $(n-2)$ 通りであるが, そのうち, A_3,
A_n を選ぶと 2 辺を共有することになるので,
それを除くと
$$A_4, \ \cdots, \ A_{n-1}$$

の $(n-4)$ 通りとなる.

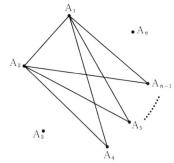

よって, 全体では
$$n \times (n-4)=n(n-4) \text{ 個}$$
(2)　まず, A_1, A_2, $\cdots$, A_n から 3 頂点を
選んでつくられる三角形の総数は
$$_nC_3 \text{ 通り}$$
このうち, 辺を共有するものを除く.
　㋐　1 辺のみを共有するもの
　㋑　2 辺を共有するもの
の 2 つがある. ㋐ のものは (1) により
$$n(n-4) \text{ 個}$$
㋑ のものは 2 つの共有辺に共通に含まれる
頂点と 1 対 1 に対応する. つまり
$$\triangle A_n A_1 A_2 \longleftrightarrow A_1$$
$$\triangle A_1 A_2 A_3 \longleftrightarrow A_2$$
$$\vdots$$
$$\triangle A_{n-1} A_n A_1 \longleftrightarrow A_n$$
である.
よって, ㋑ のタイプのものは
$$n \text{ 個}$$
したがって, 全体から ㋐, ㋑ のものを除くと,
$$_nC_3-n(n-4)-n$$
$$=\frac{n(n-1)(n-2)}{3 \cdot 2 \cdot 1}-n(n-4)-n$$
$$=\frac{1}{6}n\{(n-1)(n-2)-6(n-4)-6\}$$
$$=\frac{1}{6}n(n^2-3n+2-6n+24-6)$$
$$=\frac{1}{6}n(n^2-9n+20) \text{ 個}$$
$$\left(=\frac{1}{6}n(n-4)(n-5) \text{ 個}\right)$$

10 順列と組合せ

77 （考え方）

(2)は，まずA，C，Eの場所から考えるとよい．

（解答）

(1) 5文字はすべて異なるから，
$$_5P_5=5\times4\times3\times2\times1$$
$$=120\text{ 通り}$$

(2) まずA，C，Eの3文字がくる場所を選ぶ．それは1列に並んだ5個の箱から3個を選ぶことに対応するから，
$$_5C_3\text{ 通り}$$
である．
例えば次のように選んだとする．

すると，A，C，Eはこの順だから，自動的に

A		C	E	

となる．
残りの2つの箱にSとPを入れればよい．それはSとPの順列だから，
$$_2P_2\text{ 通り}$$
である．よって，全体では
$$_5C_3\times_2P_2=\frac{5\times4\times3}{3\times2\times1}\times2!$$
$$=10\times2=20\text{ 通り}$$

78 （考え方）

女子3人をひとかたまりにして考える．

（解答）

男子4人をa，b，c，dで，女子3人をx，y，zで表す．すると，7文字
$$a,\ b,\ c,\ d,\ x,\ y,\ z$$
を1列に並べるときx，y，zが互いに隣り合うように並べることと同じになる．
さて，x，y，zの3つは互いに隣り合うから，3つ全体で占める位置は連続している．
そこで，x，y，zの占める場所を□で表す．例えば
$$a,\ b,\ c,\ x,\ y,\ z,\ d$$
なら

$$a,\ b,\ c,\ \boxed{},\ d$$

となる．
条件をみたす並べ方は次の2つのステップに分けられる．

　(ア) a，b，c，d，□の5つを1列に並べる．

　(イ) □の部分に，x，y，zの3つを1列に並べる．

(ア)の場合の数は，
$$_5P_5\text{ 通り}$$
(イ)の場合の数は，
$$_3P_3\text{ 通り}$$
であるから，並べ方全体の数は
$$_5P_5\times_3P_3=5!\times3!$$
$$=120\times6$$
$$=720\text{ 通り}$$

79 （考え方）

(2)は補集合を考えるとよい．つまり，Oが続くものを全体から除くのである．

（解答）

(1) Oが2個あるから，同じものを含む順列の公式により，
$$\frac{6!}{2!}=360\text{ 通り}$$

(2) Oが続くものは何通りあるか考え，全体からとり除けばよい．Oが続くということは，Oはつねに「OO」の形で出てくる．つまり「OO」で1つの文字になっていると考えることができる．よって，5つの異なる文字
$$S,\ C,\ H,\ OO,\ L$$
を並べた順列になるから，Oが続くものは
$$5!=120\text{ 通り}$$
ある．
これを全体から引くと
$$360-120=240\text{ 通り}$$
となる．

80 （解答）

(1) 円形に並べるときは，回転で互いに移りあう並べ方は同じものとみなさなければならない．

したがって，適当に回転させることにより，最初から，a が特定の位置にあるとしてよい．

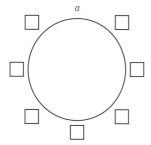

すると，残りの7個の位置に何を置くかで，円形に並べる並べ方は確定する．つまり，7個の文字

$$b,\ c,\ d,\ e,\ f,\ g,\ h$$

の順列と1対1に対応する．

よって，その数は，

$$7!=5040 \text{ 通り}$$

(2)　$a,\ b$ が隣り合うのは ab と ba の2つの場合があるが，いずれにしても，2つあわせて1文字と考えることができる．したがって，x という文字で，ab か ba のいずれかを表すものとすれば，

$$x,\ c,\ d,\ e,\ f,\ g,\ h$$

の7文字を並べることになる．この並べ方は

$$7! \text{ 通り}$$

だが，$x=ab$ か $x=ba$ かで2通りあるから，結局

$$7! \times 2 = 10080 \text{ 通り}$$

(3)　$a\ \square\ b$ あるいは $b\ \square\ a$ で1つの文字とみなす．$\square$ の部分には，$c,\ d,\ e,\ f,$ $g,\ h$ のどれがきてもよい．例えば $\square$ に c を入れ，acb で1つの文字と考えると，

$$acb,\ d,\ e,\ f,\ g,\ h$$

の6個を並べることになるから，

$$6! \text{ 通り}$$

$\square$ には $c,\ d,\ e,\ f,\ g,\ h$ の6個のどれがきてもよいから6倍される．また，$a\ \square\ b$ と $b\ \square\ a$ の2つがあるので2倍される．以上から，合計

$$6! \times 6 \times 2 = 8640 \text{ 通り}$$

ある．

81　解答

(1)　e, c, o, n, o, m, i, c の8文字のうち，c と o は2個ずつあり，残りの e, n, m, i は1個ずつである．よって，同じものを含む順列の公式から，

$$\frac{8!}{2!2!}=\frac{8\times7\times6\times5\times4\times3\times2}{2\times2}$$
$$=10080 \text{ 通り}$$

(2)　2つの c が隣り合う場合，2つ並んだ cc をひとまとめにして「1文字」と考えることができる．つまり，

$$cc,\ o,\ o,\ e,\ n,\ m,\ i$$

の7個のものを並べることになる．o だけが2個あるから，同じものを含む順列の公式から，

$$\frac{7!}{2!}=\frac{7\times6\times5\times4\times3\times2}{2}$$
$$=2520 \text{ 通り}$$

次に，2つの c に加えて，2つの o も隣り合う場合，oo もひとまとめにして「1文字」と考えれば，

$$cc,\ oo,\ e,\ n,\ m,\ i$$

という異なる6個のものを並べることになる．よって，

$$6!=6\times5\times4\times3\times2\times1$$
$$=720 \text{ 通り}$$

(3)　(2)と同様に，2つの o が隣り合う並べ方も，

$$2520 \text{ 通り}$$

である．よって，8文字の並べ方すべての集合を U とし，2つの c が隣り合う並べ方の集合を A，2つの o が隣り合う並べ方の集合を B とすれば，

$$n(U)=10080,$$
$$n(A)=n(B)=2520,$$
$$n(A\cap B)=720$$

となる．

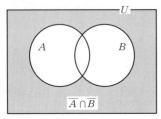

$$\overline{A} \cap \overline{B}$$

同じ文字が隣り合っていない並べ方の全体は $\overline{A} \cap \overline{B}$ であるから，その個数は包除原理によって，

$$n(\overline{A} \cap \overline{B}) = n(U) - n(A) - n(B) + n(A \cap B)$$
$$= 10080 - 2520 - 2520 + 720$$
$$= \textbf{5760 通り}$$

(4) 8文字分の位置を示す箱□を用意する．

□, □, □, □, □, □, □, □

まず，c（2個），m, n が入るべき4つの箱を選ぶ．この選び方は順列ではなく組合せであるから，

$$_8C_4 = \frac{8 \times 7 \times 6 \times 5}{4 \times 3 \times 2 \times 1}$$
$$= 70 \text{ 通り}$$

である．
例えば，次のように選んだとする．

□, ■, ■, □, ■, □, □, ■

ここで，選んだ箱は■で表されている．
この4つの■にc, n, m, cの順に入れるのだから，

□, c, n, □, m, □, □, c

と入れるしかない．つまり，c（2個），m, n の入るべき箱を選べば，自動的に位置も決まってしまうのである．
あとは，残りの4つの箱にe, o, o, iを入れればよい．この入れ方は，同じものを含む順列になるから $\frac{4!}{2!} = 12$ 通りである．
以上から，

$$70 \times 12 = \textbf{840 通り}$$

である．

82 考え方

最初に奇数の場所を決めて，次に偶数の場所を決める．

解答

7つの場所□を用意する．

□, □, □, □, □, □, □

このうち奇数番目の位置を■で表す．

■, □, ■, □, ■, □, ■

さて，7つの数字1, 1, 2, 2, 3, 3, 4のうち奇数は1, 1, 3, 3の4個である．これをすべて奇数番目，つまり上の4つの■の位置に入れればよい．これは，1, 1, 3, 3の順列と同じである．例えば，

1, 3, 3, 1

という順列には，

1, □, 3, □, 3, □, 1

という入れ方が対応する．よって，1, 1, 3, 3を4つの■に入れる入れ方の数は，同じものを含む順列の公式により，

$$\frac{4!}{2!2!} = \frac{4 \times 3 \times 2 \times 1}{2 \times 1 \times 2 \times 1}$$
$$= 6 \text{ 通り}$$

である．
あとは，残った3個の□に2, 2, 4を入れればよい．これも，2, 2, 4の順列と同じだから，その数は，再び同じものを含む順列の公式により，

$$\frac{3!}{2!1!} = 3 \text{ 通り}$$

となる．
したがって，求める並べ方の数は

$$6 \times 3 = \textbf{18 通り}$$

である．

83 解答

(1) 12冊から，まず5冊を選ぶ方法は

$$_{12}C_5 \text{ 通り}$$

残りの7冊から4冊を選ぶ方法は

$$_7C_4 \text{ 通り}$$

すると，残りが3冊なので，これで3組に分かれた．
よって，

$${}_{12}C_5 \times {}_7C_4$$
$$= {}_{12}C_5 \times {}_7C_3$$
$$= \frac{12 \cdot 11 \cdot 10 \cdot 9 \cdot 8}{5 \cdot 4 \cdot 3 \cdot 2 \cdot 1} \times \frac{7 \cdot 6 \cdot 5}{3 \cdot 2 \cdot 1}$$
$$= 792 \times 35$$
$$= \mathbf{27720} \text{ 通り}$$

(2)　まず 12 冊から 4 冊を選んで最初の子供に与える方法が

$${}_{12}C_4 \text{ 通り}$$

残りの 8 冊から 4 冊を選んで 2 番目の子供に与える方法が

$${}_8C_4 \text{ 通り}$$

すると，4 冊残るから，これを 3 番目の子供に与えることになる．
よって，

$${}_{12}C_4 \times {}_8C_4$$
$$= \frac{12 \cdot 11 \cdot 10 \cdot 9}{4 \cdot 3 \cdot 2 \cdot 1} \times \frac{8 \cdot 7 \cdot 6 \cdot 5}{4 \cdot 3 \cdot 2 \cdot 1}$$
$$= \mathbf{34650} \text{ 通り}$$

(3)　(2) の ${}_{12}C_4 \times {}_8C_4$ 通りの分け方は，3 組に分けるという観点に立つと，同じものを重複して数えていることになる．(1) では冊数が異なっているのに対して，ここでは同じ 4 冊である点が問題を難しくしているのである．12 冊の本を

$$a,\ b,\ c,\ d,\ e,\ f,\ g,\ h,\ i,\ j,\ k,\ l$$

とかく．すると，(2) の意味では，順に

$$abcd,\ efgh,\ ijkl$$

と分けて 3 人に分ける分け方と，

$$efgh,\ ijkl,\ abcd$$

と分けて 3 人に分ける分け方とでは，もちろん子供がもらう本はちがうのだから，ちがう分け方である．しかし，この (3) の観点，つまり単に 3 つの組に分ける立場からすると，前記の 2 つの分け方は，できあがった 3 つの組が結局同じであるという意味で同じ分け方とみなさねばならない．つまり

$$abcd,\ efgh,\ ijkl$$

という 3 つ組の並べ方が $3! = 6$ 通りあるが，この 6 通りの分け方は，(2) の意味では異なるが，(3) の意味では同じ分け方になる．
つまり (3) の意味での分け方 1 つに対して，

(2) の意味では 6 個の分け方が対応するのである．
よって，この場合の分け方は，

$$\frac{{}_{12}C_4 \times {}_8C_4}{3!}$$
$$= \frac{12 \times 11 \times 10 \times 9}{4 \times 3 \times 2 \times 1} \times \frac{8 \times 7 \times 6 \times 5}{4 \times 3 \times 2 \times 1} \times \frac{1}{3 \times 2 \times 1}$$
$$= 495 \times 70 \times \frac{1}{6}$$
$$= \mathbf{5775} \text{ 通り}$$

(4)　(3) と同じように考えると，

$${}_{12}C_8 \times {}_4C_2$$

では，2 冊の 2 組に区別をつけていることになり，2! 倍に重複して数えていることになるから，

$$\frac{{}_{12}C_8 \times {}_4C_2}{2!}$$
$$= \frac{{}_{12}C_4 \times {}_4C_2}{2}$$
$$= \frac{12 \cdot 11 \cdot 10 \cdot 9}{4 \cdot 3 \cdot 2 \cdot 1} \times \frac{4 \cdot 3}{2 \cdot 1} \times \frac{1}{2}$$
$$= 495 \times 6 \times \frac{1}{2}$$
$$= \mathbf{1485} \text{ 通り}$$

84　解答

5 人の男子を A，B，C，D，E，5 人の女子を a，b，c，d，e で表す．
この 10 人を図のように円形に並べる．

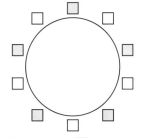

男子は □ に，女子は □ に配置する．ここで，回転で互いに移りあうような配置のしかたは，輪のつくり方としては同じものとみなさねばならない．どのような配置に対しても適当に回転することで，真上の位置を A に

することができる.

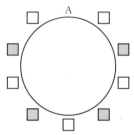

このとき，他の 4 つの ▩，5 つの □ に置かれるものが異なれば，ちがう輪のつくり方になる．4 人の男子 B，C，D，E を 4 つの ▩ に置く方法は

$$4! \text{ 通り}$$

あり，5 人の女子 a，b，c，d，e を 5 つの □ に置く方法が

$$5! \text{ 通り}$$

ある.

したがって，求める並べ方の数は

$$4! \times 5! = 24 \times 120$$
$$= 2880 \text{ 通り}$$

85　解答

(1) 以下，赤色の玉を R，青色の玉を B，透明な玉を T で表す.（それぞれ Red, Blue, Transparent のつもりである.）すると，

　　　6 個の R，2 個の B，1 個の T

を 1 列に並べることになるから，

$$\frac{9!}{6!2!1!} = 252 \text{ 通り}$$

(2) T は 1 個だけだから，円形に並べる方法は T から始まる列と 1 対 1 の対応がつく.

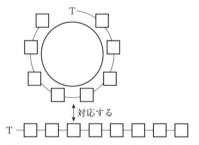

したがって，その個数は，6 個の R と 2 個

の B を 1 列に並べる並べ方の数と一致するから，

$$\frac{8!}{6!2!} = 28 \text{ 通り}$$

(3) (2) の 28 個のうち，裏返して同じになるものは，ここでは同じものとみなさねばならない．(2) の 28 個に対して図のような裏返しを考えてみる.

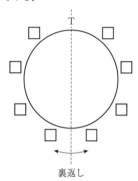

裏返し

(2) の 28 個を次の 2 つに分ける.

　(ア)　裏返しで自分自身になるもの．つまり裏返しで変化しないもの.

　(イ)　それ以外.

(ア) は次の形である.

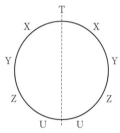

ここで，X，Y，Z，U は 3 個の R と 1 個の B を並べたものであるから，

$$\frac{4!}{3!1!} = 4 \text{ 通り}$$

(イ) は (ア) 以外なので，

$$28 - 4 = 24 \text{ 通り}$$

(イ) の 24 個は，裏返しにより移りあうもの 2 つずつで対をつくることができる.

例えば次の 2 つは 1 対になる.

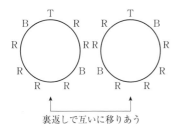

裏返しで互いに移りあう

このように対になっている 2 つの並べ方は同じ首輪をつくるから，(イ)の 24 個の並べ方は 2 個ずつ対になって全部で 12 対になり，首輪のつくり方としては

12 通り

になる．これに対して，(ア)の 4 個の並べ方は，すべて異なる首輪をつくる．よって，首輪をつくる方法は

$$4+12=\textbf{16 通り}$$

である．

11 組合せの種々の問題

86 [考え方]

長方形の形をした道路網の道順は，2 つの方向の進み方の並べ方で表現される．

[解答]

(1) 右に 1 区画進むことを➡で，上に 1 区画進むことを⬆で表す．

S から G へ行くには，右に 6 区画，上に 4 区画進めばよいから，その道順は，

6 個の➡と 4 個の⬆の列

で表される．よって，その数は，

$$\frac{10!}{6!4!}=\frac{10\times9\times8\times7}{4\times3\times2\times1}$$
$$=\textbf{210 通り}$$

(2) S から A への道，A から B への道，B から G への道の 3 つに分けられる．

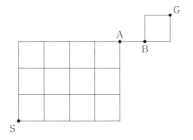

S から A への道は，4 個の➡と 3 個の⬆の列に対応するから，

$$\frac{7!}{4!3!}=\frac{7\times6\times5}{3\times2\times1}$$
$$=35 \text{ 通り}$$

A から B への道は 1 通り．B から G への道は，1 個の➡と 1 個の⬆の列に対応するから，

$$\frac{2!}{1!1!}=2 \text{ 通り}$$

よって，S から A と B を経由して G へ至る道は，

$$35\times1\times2=\textbf{70 通り}$$

87 [解答]

X 印が通れるとしたときの道全体から，X 印を通るときの道を除けばよい．

以下，右へ 1 区画進むことを➡で，上へ 1 区画進むことを⬆で表す．

X 印が通れる場合，A から B への道は 5 個の➡と 4 個の⬆から成る列で表されるから，その数は

$$\frac{9!}{5!4!} \qquad \cdots①$$

このうち X 印を通るものを考える．

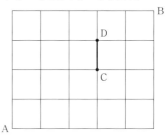

X 印を通る道は，上の図で

A から C，D を経由して B に行く道である．

$$A \text{ から } C \text{ への道は } \frac{5!}{3!2!} \text{ 通り}$$

$$C \text{ から } D \text{ への道は } 1 \text{ 通り}$$

$$D \text{ から } B \text{ への道は } \frac{3!}{2!1!} \text{ 通り}$$

なので，X 印を通る道の数は

$$\frac{5!}{3!2!}\times1\times\frac{3!}{2!1!} \qquad \cdots②$$

である.

①から②を引けば, X印を通らない道の数となる. よって,

$$\frac{9!}{5!4!}-\frac{5!}{3!2!}\times1\times\frac{3!}{2!1!}$$
$$=126-10\times1\times3$$
$$=\mathbf{96\,通り}$$

88 解答

$$\left.\begin{array}{l}1\,段のぼることを\,a\\2\,段のぼることを\,b\end{array}\right\}で表す.$$

例えば, 順に

1段, 2段, 2段, 1段, 2段

とのぼることは

$$abbab$$

という列で表される. したがって, 1段が2回で2段が3回となるのぼり方は

2個の a, 3個の b

から成る列と1対1に対応する.
よって, その数は

$$\frac{5!}{2!3!}=\mathbf{10\,通り}$$

89 解答

(1) 9点からどの3点を選んでも, 三角形がつくられ, これらはすべて異なる三角形となる. よって, 三角形の個数は9点から3頂点を選ぶ方法の数と一致する. よって,

$$_9\mathrm{C}_3=\frac{9\times8\times7}{3\times2\times1}=\mathbf{84\,個}$$

(2)

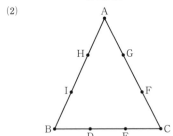

点はAからIまでの9点があるから, これから3点を選ぶ方法は(1)と同様に,

$$_9\mathrm{C}_3=84\,通り$$

ある. しかし(1)とちがい, このすべてが三角形をつくるわけではない. 例えば,

B, D, C

という3点をとっても三角形をつくらない. よって, 三角形をつくらないような3点の選び方を84から引かねばならない. 三角形をつくらないような3点のとり方というのは同一直線上から3点をとってくる場合である. この場合

直線 BC, CA, AB

の3つの場合がある. 直線BC上の4点B, D, E, Cから3点を選ぶ方法は

$$_4\mathrm{C}_3=4\,通り$$

ある. 直線CA, ABについても同様なので, 全部で

$$4\times3=12\,通り$$

の三角形をつくらない3点の選び方がある.
よって, 三角形の個数は,

$$84-12=\mathbf{72\,個}$$

90 解答

みかん, 柿, りんご, なしの個数を順に, x, y, z, u とする. (x, y, z, u) の組で選び方が決まる. ただし,

$$x\geqq0,\ \ y\geqq0,\ \ z\geqq0,\ \ u\geqq0$$
$$x+y+z+u=5$$

である. この組を5個の○印と3個の区切り記号 | から成る列

$$\underbrace{○\cdots○}_{x個}|\underbrace{○\cdots○}_{y個}|\underbrace{○\cdots○}_{z個}|\underbrace{○\cdots○}_{u個}$$

に対応させる. 例えば次のように対応する.

$$(2, 1, 1, 1)\longleftrightarrow ○○|○|○|○$$
$$(2, 2, 0, 1)\longleftrightarrow ○○|○○||○$$
$$(2, 2, 1, 0)\longleftrightarrow ○○|○○|○|$$
$$(5, 0, 0, 0)\longleftrightarrow ○○○○○|||$$
$$(0, 0, 2, 3)\longleftrightarrow ||○○|○○○$$

ここで, x, y, z, u は0になってもよいから, 区切り記号 | は2つ以上続いてもよいし, また区切り記号で始まっても, 終わってもよい. つまり区切り記号 | を○と区別せずに, 単に2つの記号○と|に対して,

○を5個, |を3個

とって並べた列と果物の選び方が 1 対 1 に対応する.

この数は 8 個の場所から○の位置 5 か所を選ぶ選び方なので

$$_8C_5=\frac{8!}{5!3!}=56\ 通り$$

になる. ここで,

$$8=4+5-1$$

である. 一般には,

r 個の○と $(n-1)$ 個の区切り記号|

の順列になるから, その数は

$$_{n-1+r}C_r$$

となる.

91 [解答]

(1) $x,\ y,\ z$ の組に対して,

$$\underbrace{○\cdots○}_{x 個}|\underbrace{○\cdots○}_{y 個}|\underbrace{○\cdots○}_{z 個}$$

という, 記号○と|の列を対応させる. ただし,

$$x\geqq1,\ y\geqq1,\ z\geqq1$$
$$x+y+z=8$$

である. ここで, $x\geqq1,\ y\geqq1,\ z\geqq1$ なので, このような列は 8 個の○を並べて, 7 個のすきま (∧で示した) から 2 つを選んで|を挿入してつくられる.

$$○∧○∧○∧○∧○∧○∧○∧○$$

したがって, その数は

$$_7C_2=\frac{7\times6}{2\times1}$$
$$=21\ 組$$

(2) $a,\ b,\ c,\ d,\ e$ の組に対して,

$$\underbrace{○\cdots○}_{a 個}|\underbrace{○\cdots○}_{b 個}|\underbrace{○\cdots○}_{c 個}|\underbrace{○\cdots○}_{d 個}|\underbrace{○\cdots○}_{e 個}$$

という, 記号○と|の列を対応させる. ただし,

$$a\geqq0,\ b\geqq0,\ c\geqq0,\ d\geqq0,\ e\geqq0$$
$$a+b+c+d+e=7$$

である.

例えば次のように対応する.

$(2, 2, 1, 1, 1)\longleftrightarrow○○|○○|○|○|○$
$(2, 2, 0, 2, 1)\longleftrightarrow○○|○○||○○|○$
$(2, 2, 0, 0, 3)\longleftrightarrow○○|○○|||○○○$
$(0, 0, 0, 4, 3)\longleftrightarrow|||○○○○|○○○$
$(7, 0, 0, 0, 0)\longleftrightarrow○○○○○○○||||$

このような列は 7 個の○と 4 個の|を 1 列に並べることでつくられるから, 全部で

$$\frac{11!}{7!4!}=330\ 通り$$

92 [解答]

二項定理により

$$\left(2x^2+\frac{1}{x}\right)^7=\sum_{k=0}^{7}{}_7C_k(2x^2)^{7-k}\left(\frac{1}{x}\right)^k$$
$$=\sum_{k=0}^{7}{}_7C_k2^{7-k}x^{14-2k}\cdot\frac{1}{x^k}$$
$$=\sum_{k=0}^{7}{}_7C_k2^{7-k}x^{14-3k}$$

x^2 の項は

$$14-3k=2\ すなわち\ k=4$$

から得られる. したがって, x^2 の係数は

$$_7C_42^{7-4}=\frac{7!}{4!3!}\cdot2^3$$
$$=35\times8$$
$$=280$$

93 [考え方]

二項定理を利用する. 変数にどんな値を代入すると, 望みの式が得られるか考える.

[解答]

(1) 二項定理

$$(a+b)^n={}_nC_0a^n+{}_nC_1a^{n-1}b+{}_nC_2a^{n-2}b^2+$$
$$\cdots+{}_nC_{n-1}ab^{n-1}+{}_nC_nb^n$$

において, $a=1,\ b=1$ とおくと,

$$(1+1)^n={}_nC_0+{}_nC_1+{}_nC_2+\cdots+{}_nC_n$$

となる. よって

$$_nC_0+{}_nC_1+{}_nC_2+\cdots+{}_nC_n=2^n$$

(2) 今度は

$$a=1,\ b=2$$

とおけば,

$$(1+2)^n={}_nC_0+{}_nC_1\cdot2+{}_nC_2\cdot2^2+\cdots$$
$$\cdots+{}_nC_n2^n$$

となる．よって
$$_nC_0+2_nC_1+2^2{}_nC_2+\cdots+2^n\cdot_nC_n=3^n$$

94 解答

$(a+b+c)^6$ を展開すると，次のような 3^6 個の単項式の和になる．

$$\left.\begin{array}{l} aaaaaa \\ aaaaab \\ aaaaac \\ aaaaba \\ \vdots \\ cccccc \end{array}\right\}3^6\text{個}$$

この 3^6 個の単項式のうち ab^2c^3 になるのは

$$abbccc$$
$$abcccb$$
$$\vdots$$

など，つまり a, b, b, c, c, c の順列の数だけある．その数は

$$\frac{6!}{1!2!3!}=60$$

である．よって，ab^2c^3 の係数は

60

95 解答

A から B へ至る道順の全体を U として，そのうち

P を通るものの全体を X

Q を通るものの全体を Y

とする．すると P または Q を通る道順の全体は $X\cup Y$ となる．

さて，右へ1区画進むことを➡，上へ1区画進むことを⬆で表すと，

A から P への道は➡⬆と⬆➡の2通りあり，P から B への道は➡を4個と⬆を3個並べた列と対応するから

$$\frac{7!}{4!3!}=35\text{通り}$$

よって，

$$n(X)=2\times35=70$$

同様に

$$n(Y)=\frac{6!}{3!3!}\times\frac{3!}{2!1!}$$
$$=20\times3=60$$

また，$X\cap Y$ は A から P，Q を順に通って B に行く道順の全体なので，

$$n(X\cap Y)=2\times\frac{4!}{2!2!}\times\frac{3!}{2!1!}$$
$$=2\times6\times3=36$$

したがって，P または Q を通る道順の数は

$$n(X\cup Y)=n(X)+n(Y)-n(X\cap Y)$$
$$=70+60-36$$
$$=\mathbf{94\,通り}$$

96 考え方

途中に経由する地点を設定することで，長方形の道路網の経路に帰着させる．

解答

図のように3点 P，Q，R をとる．

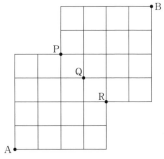

A から B への道は，この3点 P，Q，R のいずれか1つだけを必ず通る．したがって，P，Q，R のそれぞれを経由する道の数を求めて和をとればよい．

A から P への道順は $\dfrac{6!}{2!4!}$ 通り

P から B への道順は $\dfrac{6!}{4!2!}$ 通り

なので，A から P を経由して B に行く道順の数は

$$\frac{6!}{2!4!}\times\frac{6!}{4!2!}=15\times15$$
$$=225$$

同様に Q を経由する道の数は

$$\frac{6!}{3!3!}\times\frac{6!}{3!3!}=20\times20$$
$$=400$$

R を経由する道の数は

$$\frac{6!}{4!2!}\times\frac{6!}{2!4!}=15\times15$$
$$=225$$

以上の 3 つをあわせると，

$$225+400+225=\textbf{850 通り}$$

97　解答

[解答 I]　以下では，

$$1 個取ることを a$$
$$2 個取ることを b$$

で表す．例えば，順に

$$1 個，\ 2 個，\ 1 個，\ 2 個，$$
$$2 個，\ 1 個，\ 1 個$$

取って計 10 個を取り切ることは，列

$$ababbaa$$

で表される．
b の個数は 5 個以下なので，b の個数で分類する．

(ア)　b が 0 個のとき
a を 10 個並べるから 1 通り．

(イ)　b が 1 個のとき
$10-2=8$ なので a は 8 個．
8 個の a と 1 個の b を並べる並べ方は，

$$\frac{9!}{8!1!}=9 通り$$

(ウ)　b が 2 個のとき
$10-2\times2=6$ なので a は 6 個．
6 個の a と 2 個の b の計 8 個を並べる並べ方は，

$$\frac{8!}{6!2!}=28 通り$$

(エ)　b が 3 個のとき
$10-2\times3=4$ なので，a は 4 個，b は 3 個の計 7 個．
よって

$$\frac{7!}{4!3!}=35 通り$$

(オ)　b が 4 個のとき
$10-4\times2=2$ なので，2 個の a と 4 個の b を並べればよい．
よって

$$\frac{6!}{2!4!}=15 通り$$

(カ)　b が 5 個のとき
$10-5\times2=0$ なので，5 個の b を並べればよい．
よって

$$1 通り$$

(ア)～(カ) をあわせると，

$$1+9+28+35+15+1=\textbf{89 通り}$$

[解答 II]　一般に n 個の碁石の場合に取り切る方法を x_n 通りとして，x_n の漸化式をつくる．$n\geqq3$ のとき，n 個の碁石を取り切る x_n 通りの取り方は次の 2 つに分類される．

(ア)　まず 1 個取るとき
残りは $(n-1)$ 個なので，x_{n-1} 通りの方法がある．

(イ)　まず 2 個取るとき
残りは $(n-2)$ 個なので，x_{n-2} 通りの方法がある．

(ア)と(イ)をあわせると全体の x_n 通りになるから，

$$x_n=x_{n-1}+x_{n-2}\quad(n\geqq3)$$

が成立する．
また，$n=1,\ 2$ のときは

$$x_1=1,\ x_2=2$$

となるから，順に計算すると

$$x_3=x_2+x_1$$
$$=2+1=3$$
$$x_4=x_3+x_2$$
$$=3+2=5$$
$$x_5=x_4+x_3$$
$$=5+3=8$$
$$x_6=x_5+x_4$$
$$=8+5=13$$
$$x_7=x_6+x_5$$
$$=13+8=21$$
$$x_8=x_7+x_6$$
$$=21+13=34$$
$$x_9=x_8+x_7$$
$$=34+21=55$$
$$x_{10}=x_9+x_8$$
$$=55+34=89$$

となる．よって，

89 通り

98 [解答]

$a_1 \neq 1$ より a_1 のとり方は 2, 3, 4, 5 の
4 通り

である．どの場合でも，あとの処理は同様なので，以下では

$$a_1 = 2$$

の場合を調べる．これを 4 倍すればよい．

$a_2 \neq 2$ より a_2 は 1, 3, 4, 5 のどれか．

$a_1 = 2$ なので，$a_2 = 1$ のときは順列が 1, 2 の順列と 3, 4, 5 の順列に完全に分離される．一方，$a_2 \neq 1$ のときは a_2 は 3, 4, 5 のどれかであるが，これは，どれも同様なので 1 つだけ調べればよい．そこで次のように分ける．

(ア) $a_1 = 2$, $a_2 = 1$ のとき

a_3, a_4, a_5 は 3, 4, 5 の順列なので，

$$4, 5, 3$$
$$5, 3, 4$$

の 2 通りのみである．

(イ) $a_1 = 2$, $a_2 \neq 1$ のとき

$a_2 = 3$, 4, 5 のどれかである．この場合 3, 4, 5 はどの場合でも差がなく同じように処理されるので，$a_2 = 3$ のときを調べれば十分である．そこで，$a_1 = 2$, $a_2 = 3$ とすると，a_3, a_4, a_5 は 1, 4, 5 の順列であるから，

$$1, 5, 4$$
$$4, 5, 1$$
$$5, 1, 4$$

の 3 通りである．$a_2 = 4$, $a_2 = 5$ のときも同様なので，

$$3 \times 3 = 9 \text{ 通り}$$

(ア), (イ) より $a_1 = 2$ の場合は，

$$2 + 9 = 11 \text{ 通り}$$

よって，最初に述べたように 4 倍して，

$$11 \times 4 = 44 \text{ 個}$$

99 [解答]

二項定理により

$$(1+x)^{2n} = \sum_{k=0}^{2n} {}_{2n}C_k \cdot 1^{2n-k} \cdot x^k$$

$$= {}_{2n}C_0 + {}_{2n}C_1 x + \cdots + {}_{2n}C_n x^n$$
$$+ \cdots + {}_{2n}C_{2n} x^{2n}$$

であるから，x^n の係数は

$$\quad {}_{2n}C_n \qquad \cdots ①$$

である．また，

$$(1+x)^n = \sum_{k=0}^{n} {}_nC_k x^k$$

$$= {}_nC_0 + {}_nC_1 x + \cdots + {}_nC_n x^n$$

であるから，

$$(1+x)^n \cdot (1+x)^n$$
$$= ({}_nC_0 + {}_nC_1 x + \cdots + {}_nC_n x^n)$$
$$\times ({}_nC_0 + {}_nC_1 x + \cdots + {}_nC_n x^n)$$

となる．これを展開したときの x^n の係数を求める．展開したとき x の n 次の項が出てくるのは

$$\quad {}_nC_0 \times {}_nC_n x^n$$
$$\quad {}_nC_1 x \times {}_nC_{n-1} x^{n-1}$$
$$\quad {}_nC_2 x^2 \times {}_nC_{n-2} x^{n-2}$$
$$\vdots$$
$$\quad {}_nC_n x^n \times {}_nC_0$$

の組合せであるから，これらをすべてたすと，x^n の係数は次のようになる．

$$\quad {}_nC_0 \cdot {}_nC_n + {}_nC_1 \cdot {}_nC_{n-1} + {}_nC_2 \cdot {}_nC_{n-2}$$
$$+ \cdots + {}_nC_n \cdot {}_nC_0$$
$$= \sum_{k=0}^{n} {}_nC_k \cdot {}_nC_{n-k}$$
$$= \sum_{k=0}^{n} {}_nC_k \cdot {}_nC_k \quad ({}_nC_{n-k} = {}_nC_k \text{ より})$$
$$= \sum_{k=0}^{n} ({}_nC_k)^2 \qquad \cdots ②$$

① と ② はともに $(1+x)^{2n}$ の x^n の係数なので，同じである．よって

$$\quad {}_{2n}C_n = \sum_{k=0}^{n} ({}_nC_k)^2$$

が成立する．

100 [解答]

(1) 明らかに

$$A(1) = 1$$

である．$A(2)$ は次の 2 通りあるので，

$$A(2) = 2$$

である．

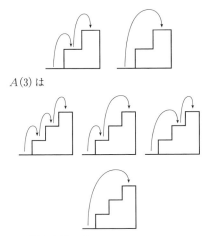

$A(3)$ は

の 4 通りあるので,
$$A(3)=4$$
である.

このようにして $A(4)$, $A(5)$ もすべてのの
ぼり方を列挙して求めることができるが, 次
のように考える方が見通しがよい.

$\underline{A(4) \text{ の計算}}$

最初の 1 歩としては次の 3 通りがある.

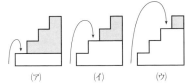

(ア)の場合, 残りは 3 段なので, このあとの
のぼり方は 3 段のときののぼり方と同じにな
る. つまり, あと $A(3)$ 通りののぼり方があ
る.

(イ)の場合, 残りは 2 段なので, 同様に, あ
と $A(2)$ 通りののぼり方がある.

(ウ)の場合, 残りは 1 段なので, 同様に, あ
と $A(1)$ 通りののぼり方がある.

以上をまとめると,
$$A(4)=A(3)+A(2)+A(1)$$
$$=4+2+1=7$$

$\underline{A(5) \text{ の計算}}$

最初の 1 歩は次の 3 通りがある.

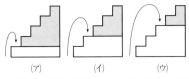

(ア)の場合, 残りは 4 段なので, あとののぼ
り方は $A(4)$ 通り.

(イ)の場合, 残りは 3 段なので, あとののぼ
り方は $A(3)$ 通り.

(ウ)の場合, 残りは 2 段なので, あとののぼ
り方は $A(2)$ 通り.

以上をまとめると,
$$A(5)=A(4)+A(3)+A(2)$$
$$=7+4+2=13$$

(2)　(1)の $A(4)$, $A(5)$ と同じように考える.
n 段の階段をのぼるとき, 最初の 1 歩につい
て,

　(ア)　最初の 1 歩は 1 段

　(イ)　最初の 1 歩は 2 段

　(ウ)　最初の 1 歩は 3 段

の 3 つの場合がある.

(ア)のときは, 残りの階段の段数は $n-1$ な
ので, あとののぼり方は $A(n-1)$ 通りで
ある.

(イ)のときは, 残りの階段の段数は $n-2$ な
ので, あとののぼり方は $A(n-2)$ 通りで
ある.

(ウ)のときは, 残りの階段の段数は $n-3$ な
ので, あとののぼり方は $A(n-3)$ 通りで
ある.

以上をまとめると,
$$A(n)=A(n-1)+A(n-2)+A(n-3)$$
となる.

(3)　(1)で $A(5)$ までは求めているから, (2)
の漸化式を用いて $A(6)$ 以降を順に求めてい
く.
$$A(6)=A(5)+A(4)+A(3)$$
$$=13+7+4=24$$
$$A(7)=A(6)+A(5)+A(4)$$
$$=24+13+7=44$$
$$A(8)=A(7)+A(6)+A(5)$$
$$=44+24+13=81$$

54

$$A(9)=A(8)+A(7)+A(6)$$
$$=81+44+24=149$$
$$A(10)=A(9)+A(8)+A(7)$$
$$=149+81+44=274$$

つまり

$$A(10)=274$$

第4章　確　率

12　事象と確率

101 考え方

まず，目の出方が何通りあるか考える．

解答

(1)　2つのサイコロの目をそれぞれ x, y とすると，

$$(x, y) \quad \begin{matrix} x=1, 2, \cdots, 6 \\ y=1, 2, \cdots, 6 \end{matrix}$$

の $6\times6=36$ 通りの目の出方があるが，これが同様に確からしい．さて，（目の和）$=7$ となるのは，そのうち

$$(1, 6), (2, 5), (3, 4),$$
$$(4, 3), (5, 2), (6, 1)$$

の6通りであるから，その確率は

$$\frac{6}{36}=\frac{1}{6}$$

(2)　2つの目が同じになるのは，

$$(1, 1), (2, 2), (3, 3),$$
$$(4, 4), (5, 5), (6, 6)$$

の6通りである．よって，その確率は

$$\frac{6}{36}=\frac{1}{6}$$

102 解答

赤玉3つと黒玉4つをあわせると7つであるから，これから2つを選ぶ方法の数は

$${}_7C_2=\frac{7\times6}{2\times1}=21 \text{ 通り}$$

であり，この21通りがすべて同様に確からしい．この21通りのうち，赤玉，黒玉を1つずつ取る取り方の数を求める．赤玉は3つあるから，このうち1つを取る方法の数

$${}_3C_1 \text{ 通り}$$

また，黒玉4つから1つを取る方法の数は，

$${}_4C_1 \text{ 通り}$$

したがって，赤玉を1つ黒玉を1つ選ぶ選び方の数は

$${}_3C_1\times{}_4C_1=3\times4=12 \text{ 通り}$$

である．よって，求める確率は

$$\frac{12}{21}=\frac{4}{7}$$

103 考え方

(2)は余事象を考えるとよい.

解答

(1) Aのくじの引き方は10通り，Bのくじの引き方は9通り，Cのくじの引き方は8通りであるから，A，B，Cが引くくじの引き方は全部で

$$10 \times 9 \times 8 \text{ 通り}$$

である．このうち，A，Bがはずれて，Cが当たる引き方の数を調べる．

Aが引くとき，はずれくじは8本あるので，はずれの引き方は

$$8 \text{ 通り}$$

次にBが引くとき，Aがはずれを引いたので，はずれくじは7本になっている．よってはずれの引き方は，

$$7 \text{ 通り}$$

最後にCが引くとき，当たりくじは2本のままなので，当たりの引き方は，

$$2 \text{ 通り}$$

したがって，A，Bがはずれて，Cが当たるような引き方は，

$$8 \times 7 \times 2 \text{ 通り}$$

よって，求める確率は

$$\frac{8 \times 7 \times 2}{10 \times 9 \times 8} = \frac{7}{45}$$

(2) 余事象を考えて，1人も当たらない確率を1から引く.

A，B，Cが3人ともはずれる引き方は，(1)の最後でCが当たりくじ2本の中からではなく，はずれくじ6本の中から引くことにすればよいから，

$$8 \times 7 \times 6 \text{ 通り}$$

よって，A，B，Cが3人ともはずれる確率は

$$\frac{8 \times 7 \times 6}{10 \times 9 \times 8} = \frac{7}{15}$$

少なくとも1人が当たる確率は，この余事象だから，

$$1 - \frac{7}{15} = \frac{8}{15}$$

104 考え方

(3)は(2)に関連づけて，$X \leq 3$ になるものたちから $X \leq 2$ となるものを除くとよい.

解答

(1) サイコロを3回振るときの目を，順に x, y, z とする．目の出方は

$$(x, y, z) \quad \begin{array}{l} x=1, 2, \cdots, 6 \\ y=1, 2, \cdots, 6 \\ z=1, 2, \cdots, 6 \end{array}$$

の全体なので，

$$6 \times 6 \times 6 = 216 \text{ 通り}$$

である．このうち x, y, z の最大値 X が1になるのは

$$x=1, y=1, z=1$$

の1通りしかないから，その確率は

$$\frac{1}{216}$$

(2) $X \leq 3$ となる条件は

$$\begin{cases} 1 \leq x \leq 3 \\ 1 \leq y \leq 3 \\ 1 \leq z \leq 3 \end{cases}$$

であるから，x, y, z のどれもが3通りあるので，全部で

$$3 \times 3 \times 3 = 27 \text{ 通り}$$

よって，求める確率は

$$\frac{27}{216} = \frac{1}{8}$$

(3) $X=3$ となるには，

$$x \leq 3, y \leq 3, z \leq 3$$

だけでなく，x, y, z のうちどれかが3になることが要求される．これを直接数えてもよいが，ここでは次のように考える．

$X=3$ になるのは，$X \leq 3$ となる

$$3 \times 3 \times 3 \text{ 通り}$$

から，$X \leq 2$ になってしまう

$$2 \times 2 \times 2 \text{ 通り}$$

を除いた

$$3^3 - 2^3 = 27 - 8 = 19 \text{ 通り}$$

である．よって，$X=3$ となる確率は

$$\frac{19}{216}$$

105 解答

(1) $A \cap B$ に入る条件は
$$x_1 \neq x_2 \quad \text{かつ} \quad x_2 \neq x_3$$
である．このような $(x_1,\ x_2,\ x_3)$ の組の数を求める．まず x_2 のとり方が 6 通り．x_1 は x_2 以外の 5 通り．x_3 も x_2 以外の 5 通りなので，全部で
$$6 \times 5 \times 5 \text{ 通り}$$
となる．
$(x_1,\ x_2,\ x_3)$ の全体は
$$6 \times 6 \times 6 \text{ 通り}$$
であるから，$A \cap B$ の確率は
$$\frac{6 \times 5 \times 5}{6 \times 6 \times 6} = \frac{25}{36}$$

(2) 加法定理
$$P(A \cup B) = P(A) + P(B) - P(A \cap B)$$
を利用する．(1) より
$$P(A \cap B) = \frac{25}{36}$$
である．
次に $P(A)$ を求める．
$x_1 \neq x_2$ となる $(x_1,\ x_2,\ x_3)$ の個数は，
$$x_1 : 6 \text{ 通り}$$
$$x_2 : x_1 \text{ 以外の 5 通り}$$
$$x_3 : 6 \text{ 通り}$$
より
$$6 \times 5 \times 6 \text{ 通り}$$
なので，
$$P(A) = \frac{6 \times 5 \times 6}{6 \times 6 \times 6} = \frac{5}{6}$$
同様に，$x_2 \neq x_3$ となる $(x_1,\ x_2,\ x_3)$ の個数も
$$x_1 : 6 \text{ 通り}$$
$$x_2 : 6 \text{ 通り}$$
$$x_3 : x_2 \text{ 以外の 5 通り}$$
より
$$6 \times 6 \times 5 \text{ 通り}$$
となるので，
$$P(B) = \frac{6 \times 6 \times 5}{6 \times 6 \times 6} = \frac{5}{6}$$
よって，
$$P(A \cup B) = P(A) + P(B) - P(A \cap B)$$

$$= \frac{5}{6} + \frac{5}{6} - \frac{25}{36}$$
$$= \frac{60 - 25}{36} = \frac{35}{36}$$

[(2)の別解] 余事象を利用すると，次のようにかなり簡単になる．
$A \cup B$ の余事象は
$$\overline{A \cup B} = \overline{A} \cap \overline{B}$$
である．
$$\overline{A} : x_1 = x_2 \text{ となる事象}$$
$$\overline{B} : x_2 = x_3 \text{ となる事象}$$
であるから，$\overline{A} \cap \overline{B}$ とは
$$x_1 = x_2 = x_3$$
となる事象のことである．
これをみたす $(x_1,\ x_2,\ x_3)$ は 6 通りであるから，
$$P(\overline{A} \cap \overline{B}) = \frac{6}{6 \times 6 \times 6}$$
$$= \frac{1}{36}$$
よって，
$$P(A \cup B) = 1 - P(\overline{A} \cap \overline{B})$$
$$= 1 - \frac{1}{36} = \frac{35}{36}$$

106 解答

「少なくとも 1 個の不良品が含まれる」事象よりも，その余事象である「不良品が 1 つもない」事象の方が簡単である．そこで，まず不良品が 1 つも含まれない確率を求める．10 個から 4 個を取り出す取り出し方は
$$_{10}C_4 = \frac{10 \times 9 \times 8 \times 7}{4 \times 3 \times 2 \times 1} = 210 \text{ 通り}$$
である．このうち 4 個とも不良品でないためには，不良品でない 7 個の中から 4 個を取り出さないといけないから，その取り出し方は
$$_7C_4 = {}_7C_3 = \frac{7 \times 6 \times 5}{3 \times 2 \times 1} = 35 \text{ 通り}$$
である．
よって，不良品が 1 つも含まれない確率は
$$\frac{_7C_4}{_{10}C_4} = \frac{35}{210} = \frac{1}{6}$$
である．この余事象を考えると，少なくとも

1つ不良品が含まれる確率は，

$$1-\frac{1}{6}=\frac{5}{6}$$

107　解　答

$M_n-m_n>1$ よりも余事象の $M_n-m_n\leqq1$ の方が扱い易いので，こちらを考える．
$M_n-m_n\leqq1$ となるのは，次の2つの場合がある．

　(ア)　$M_n-m_n=0$
　(イ)　$M_n-m_n=1$

(ア)　$M_n-m_n=0$ の場合

このとき，$M_n=m_n$ なので最大の目と最小の目が同じである．つまり n 個のサイコロの目がすべて同一ということである．
そのような目の出方は，

　　　　n 個の目がすべて1のとき
　　　　n 個の目がすべて2のとき
　　　　　　$\vdots$　　　　$\vdots$　　$\vdots$
　　　　n 個の目がすべて6のとき

の6通りしかない．

(イ)　$M_n-m_n=1$ の場合

このとき，

$$\begin{cases} M_n=l+1 \\ m_n=l \end{cases} (l=1,\ 2,\ 3,\ 4,\ 5)$$

となる．l はどれでもあとの処理は同じなので，例として，$l=3$ のとき，すなわち

　　　　(最大の目)$=4$，(最小の目)$=3$

のときを考えよう．このとき，n 個のサイコロの目はすべて3か4のいずれかである．
しかし，3の目が少なくとも1つはないといけない．同様に4の目も少なくとも1つはないとまずい．つまり，n 個の目がどれも3か4かの 2^n 通りの出方から，

　　　　すべての目が3になるもの
　　　　すべての目が4になるもの

の2通りだけを除けばよい．よって，

　　　　(2^n-2) 通り

となる．以上 $l=3$ のときの説明だが，これは，l が1，2，3，4，5のどれであってもまったく同様である．よって，全体では

　　　　$(2^n-2)\times5$ 通り

の場合がある．
(ア)と(イ)をあわせると $M_n-m_n\leqq1$ となる目の出方は

　　　　$6+5(2^n-2)=5\cdot2^n-4$ 通り

である．n 個のサイコロの目の出方は全部で 6^n 通りあるから，

$$P(M_n-m_n\leqq1)=\frac{5\cdot2^n-4}{6^n}$$

である．よって，余事象を考えると，

$$P(M_n-m_n>1)=1-P(M_n-m_n\leqq1)$$

$$=1-\frac{5\cdot2^n-4}{6^n}$$

$$=\frac{6^n-5\cdot2^n+4}{6^n}$$

108　解　答

(1)　まず $P(A)$ を求める．A よりも余事象 $\overline{A}$ の方が考えやすい．
「1の目が少なくとも1つ出る」という命題を否定すると，「1の目がまったく出ない」となる．1の目が出ないとは，出る目が2，3，4，5，6のどれかということだから，余事象 $\overline{A}$ は

　　　$\overline{A}$：n 個のサイコロの目がすべて2，3，
　　　　　4，5，6のどれか　　　　　…①

となる．
1個のサイコロの目が2，3，4，5，6のいずれかになる確率は $\frac{5}{6}$ であるから，

$$P(\overline{A})=\left(\frac{5}{6}\right)^n$$

$$P(A)=1-P(\overline{A})$$

$$=1-\left(\frac{5}{6}\right)^n$$

となる．
次に $P(B)$ を求める．上と同様に余事象 $\overline{B}$ は

　　　$\overline{B}$：n 個のサイコロの目がすべて奇数
　　　　　(1，3，5)のどれか　　　　…②

となるから，

$$P(\overline{B})=\left(\frac{3}{6}\right)^n=\left(\frac{1}{2}\right)^n$$

$$P(B)=1-P(\overline{B})$$
$$=1-\left(\frac{1}{2}\right)^n$$

最後に $P(C)$ を求める.
$$C=\overline{A}\cap\overline{B}$$
なので，① と ② より
   C：n 個のサイコロの目がすべて 3 または 5

となる．よって，
$$P(C)=\left(\frac{2}{6}\right)^n=\left(\frac{1}{3}\right)^n$$

(2) $A\cup B$ の余事象は
$$\overline{A\cup B}=\overline{A}\cap\overline{B}$$
となる．この確率を求める．これは (1) の C と同じものであるから，
$$P(\overline{A\cup B})=P(\overline{A}\cap\overline{B})=P(C)$$
$$=\left(\frac{1}{3}\right)^n$$
よって，
$$P(A\cup B)=1-P(\overline{A\cup B})$$
$$=1-\left(\frac{1}{3}\right)^n$$

(3)

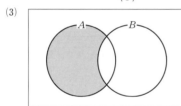

網目部分が $A\cap\overline{B}$ である．これは，$A\cup B$ から B を除けばよい．よって，
$$P(A\cap\overline{B})=P(A\cup B)-P(B)$$
$$=\left\{1-\left(\frac{1}{3}\right)^n\right\}-\left\{1-\left(\frac{1}{2}\right)^n\right\}$$
$$=\left(\frac{1}{2}\right)^n-\left(\frac{1}{3}\right)^n$$

(4)

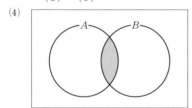

$$P(A\cap B)=P(A)+P(B)-P(A\cup B)$$
$$=\left\{1-\left(\frac{5}{6}\right)^n\right\}+\left\{1-\left(\frac{1}{2}\right)^n\right\}-\left\{1-\left(\frac{1}{3}\right)^n\right\}$$
$$=1+\left(\frac{1}{3}\right)^n-\left(\frac{1}{2}\right)^n-\left(\frac{5}{6}\right)^n$$

109 　解 答

(1) 　$n=1,\ 2,\ 19$ のときは明らかに $p_n=0$ なので，以下 $3\le n\le 18$ とする.

15 個の白球を $W_1,\ W_2,\ \cdots,\ W_{15}$，4 個の赤球を $R_1,\ R_2,\ R_3,\ R_4$ とする.

箱から 1 個ずつ合計 n 個取り出す，ということは，19 個から n 個を選んで 1 列に並べるということに対応する．よって，n 個の取り出し方の総数を N とすれば，
$$N={}_{19}\mathrm{P}_n=\frac{19!}{(19-n)!}$$
となる.

次に，n 回目に取り出した球が 3 個目の赤であるような取り出し方の数 A を求める.

例えば $n=5$ のとき，次のようなものになる.

	1	2	3	4	5
	R_2	W_1	W_4	R_3	R_1
	R_1	R_3	W_4	W_{15}	R_4
	W_3	R_4	W_2	R_1	R_2
	$\vdots$	$\vdots$	$\vdots$	$\vdots$	$\vdots$

一般の n で考えると，上の枠で囲んだところは，赤が 2 個，白が $(n-3)$ 個からなる順列である．2 個の赤の選び方が ${}_4\mathrm{C}_2$ 通り，$(n-3)$ 個の白の選び方が ${}_{15}\mathrm{C}_{n-3}$ 通り，そして，選んだ赤と白の $(n-1)$ 個を並べる（順列）のだから，枠内の並べ方の数 B は
$$B={}_4\mathrm{C}_2\cdot{}_{15}\mathrm{C}_{n-3}\cdot(n-1)!$$
$$=\frac{4!}{2!2!}\cdot\frac{15!}{(n-3)!(18-n)!}\cdot(n-1)!$$
$$=6\cdot\frac{15!}{(18-n)!}\cdot(n-1)(n-2)$$
となる.

また，n 回目には 2 個残った赤のいずれかを並べるから，それが 2 通りある.

よって，

$$A = B \times 2 = 12 \cdot \frac{15!(n-1)(n-2)}{(18-n)!}$$

以上から,

$$p_n = \frac{A}{N}$$

$$= 12 \cdot \frac{15!(n-1)(n-2)}{(18-n)!} \times \frac{(19-n)!}{19!}$$

$$= 12 \cdot \frac{(n-1)(n-2)(19-n)}{19 \cdot 18 \cdot 17 \cdot 16}$$

$$= \frac{(n-1)(n-2)(19-n)}{7752}$$

となる. この式は $n = 1$, 2, 19 の結果を含んでいるので,

$$p_n = \frac{(n-1)(n-2)(19-n)}{7752} \quad (1 \leq n \leq 19)$$

(2) $p_1 = p_2 = p_{19} = 0$ なので,

$$p_3, \ p_4, \ \cdots, \ p_{18}$$

の中で最大のものを探せばよい.

一般に, 数列 $\{p_n\}$ の増減を調べるには, 階差

$$p_{n+1} - p_n$$

の正負を考えればよいが, $p_n > 0$ の場合には, 比 $\dfrac{p_{n+1}}{p_n}$ と 1 との大小を考えてもよい.

以下, 比を考えてみる. $3 \leq n \leq 17$ のとき,

$$\frac{p_{n+1}}{p_n} = p_{n+1} \times \frac{1}{p_n}$$

$$= \frac{n(n-1)(18-n)}{7752} \times \frac{7752}{(n-1)(n-2)(19-n)}$$

$$= \frac{n(18-n)}{(n-2)(19-n)}$$

だから,

$$\frac{p_{n+1}}{p_n} \left\{ \begin{matrix} \geqq \\ < \end{matrix} \right\} 1 \iff \frac{n(18-n)}{(n-2)(19-n)} \left\{ \begin{matrix} \geqq \\ < \end{matrix} \right\} 1$$

$$\iff n(18-n) \left\{ \begin{matrix} \geqq \\ < \end{matrix} \right\} (n-2)(19-n)$$

$$\iff \frac{38}{3} \left\{ \begin{matrix} \geqq \\ < \end{matrix} \right\} n$$

となる. よって, $n < \dfrac{38}{3} = 12.666\cdots$ のとき, つまり $3 \leq n \leq 12$ のときは

$$\frac{p_{n+1}}{p_n} > 1 \ \text{すなわち} \ p_n < p_{n+1}$$

となる. いいかえれば,

$$p_3 < p_4 < p_5 < \cdots < p_{12} < p_{13}$$

である.

また, $n > \dfrac{38}{3} = 12.666\cdots$ のとき, つまり $13 \leq n \leq 17$ のときは

$$\frac{p_{n+1}}{p_n} < 1 \ \text{すなわち} \ p_n > p_{n+1}$$

となる. いいかえれば,

$$p_{13} > p_{14} > p_{15} > \cdots > p_{17} > p_{18}$$

である. 以上から, 最大のものは p_{13} であることがわかった.

よって, 求める n は

$$n = 13$$

である.

13　独立試行

110　解答

サイコロを 1 回振るとき, 6 の目が出る確率は $\dfrac{1}{6}$ である. よって, 4 回連続して 6 の目が出る確率は

$$\left(\frac{1}{6} \right)^4 = \frac{1}{1296}$$

である.

次に, 少なくとも 1 回 6 の目が出る確率を求める. 余事象, つまり 1 回も 6 の目が出ない確率の方が簡単である.

サイコロを 1 回振ったとき, 6 の目が出ない確率は $\dfrac{5}{6}$ であるから, 4 回連続して 6 の目が出ない確率は

$$\left(\frac{5}{6} \right)^4$$

となる. よって, 少なくとも 1 回は 6 の目が出る確率は

$$1 - \left(\frac{5}{6} \right)^4 = 1 - \frac{625}{1296}$$

$$= \frac{671}{1296}$$

である.

111　考え方

反復試行の確率である.

$$_nC_r\,p^r(1-p)^{n-r}$$

を用いる.

[解 答]

サイコロの目のうち 3 の倍数は 3 と 6 の 2 個であるから, サイコロを 1 回投げたとき, 3 の倍数の目が出る確率 p は

$$p=\frac{2}{6}=\frac{1}{3}$$

であり, 3 の倍数の目が出ない確率 q は

$$q=1-p=\frac{2}{3}$$

である.

さて, サイコロを 5 回投げる場合, 1 回ごとに, 3 の倍数の目が出ることを○, そうでないことを×で表すと, 3 回, 3 の倍数の目が出るような投げ方は, 3 個の○と 2 個の×の順列で表すことができる. これを具体的にかくと, 次のようになる.

```
○○○××
○○×○×
○○××○
○×○○×
○×○×○
○××○○
×○○○×
×○○×○
×○×○○
××○○○
```

この各々の投げ方が起こる確率はすべて,

$$p^3q^2$$

で同じである. 投げ方の数は, 5 つの場所から○を入れる 3 つの場所を選ぶ選び方の数なので

$$_5C_3$$

である. よって, 求める確率は

$$_5C_3\,p^3q^2$$
$$=\frac{5\times4\times3}{3\times2\times1}p^3q^2$$
$$=10\,p^3q^2=10\left(\frac{1}{3}\right)^3\left(\frac{2}{3}\right)^2$$
$$=\frac{40}{243}$$

112 [解 答]

(1) A が試合に勝つことを○印で, 負けることを×印で表す. 4 試合目で勝負が決まるのは, A からみて, 4 連勝か 4 連敗のいずれかの場合だけである.

$$\begin{array}{cccc}○&○&○&○\\×&×&×&×\end{array}$$

このそれぞれが起こる確率は $\left(\dfrac{1}{2}\right)^4$ であるから, 4 試合目で勝負が決まる確率は,

$$\left(\frac{1}{2}\right)^4\times2=\frac{1}{8}$$

(2) 6 試合目で勝負が決まるのは, A からみて, 4 勝 2 敗か 2 勝 4 敗のときである.

(ア) 4 勝 2 敗のとき

最後の試合で勝って終了になるのだから, 初めの 5 試合は 3 勝 2 敗で, 6 試合目に勝つ.

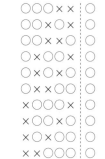

3 勝 2 敗になる試合のしかたは $_5C_3$ 通りあるから, 4 勝 2 敗で A が優勝する確率は

$$_5C_3\left(\frac{1}{2}\right)^5\times\frac{1}{2}$$
$$=10\times\left(\frac{1}{2}\right)^6$$
$$=\frac{5}{32}$$

(イ) 2 勝 4 敗のとき

A からみて, 初めの 5 試合は 2 勝 3 敗で, 6 試合目に負けて 2 勝 4 敗となり, B が優勝して終了する. 2 勝 3 敗になる試合のしかたは $_5C_2$ 通りだから, (ア)と同様にして

$$_5C_2\left(\frac{1}{2}\right)^5\times\frac{1}{2}$$

$$=10\times\left(\frac{1}{2}\right)^6$$

$$=\frac{5}{32}$$

(ア),(イ)をあわせると

$$\frac{5}{32}+\frac{5}{32}=\frac{5}{16}$$

113　解答

(1)　3人をA,B,Cとする．3人のじゃんけんの出し方は

$$3\times3\times3=27 \text{ 通り}$$

ある．このうち,勝ちが1人決まる場合の数を調べる．Aが1人勝ちするのは

A	B	C
グー	チョキ	チョキ
チョキ	パー	パー
パー	グー	グー

の3通りである．B,Cが1人勝ちする場合も同様なので,合計すると,勝ちが1人に決まる場合の数は

$$3\times3=9 \text{ 通り}$$

である．よって,勝ちが1人に決まる確率は,

$$\frac{9}{27}=\frac{1}{3}$$

(2)　(1)の結果から,1回のじゃんけんで,「3人→1人」となる確率は$\frac{1}{3}$である．

「3人→2人」「3人→3人」になる確率を求める．AとBの2人が勝ち,Cだけが負けるのは

A	B	C
グー	グー	チョキ
チョキ	チョキ	パー
パー	パー	グー

の3通りである．AとC,BとCが勝つ場合も同様なので,

「3人→2人」となる確率$=\dfrac{3\times3}{27}=\dfrac{1}{3}$

残りは「3人→3人」,つまりあいことなる場合なので,

「3人→3人」となる確率$=1-\dfrac{1}{3}-\dfrac{1}{3}$

$$=\frac{1}{3}$$

次に,2人が1回じゃんけんしたときに,勝ちが決まる場合とあいこで2人のまま残る場合とがある．2人のじゃんけんの出し方は

$$3\times3=9 \text{ 通り}$$

で,このうち,あいことなるのは,グーとグー,チョキとチョキ,パーとパーの3通りなので,

「2人→2人」となる確率$=\dfrac{3}{9}=\dfrac{1}{3}$

これ以外は勝者が定まるので,

「2人→1人」となる確率$=1-\dfrac{1}{3}$

$$=\frac{2}{3}$$

となる．

さて,3人が3回じゃんけんしたとき,勝ちが1人に定まらないのは,残った人数の変化を考えると,次のような場合に分かれる．

$$3人\longrightarrow 3人\longrightarrow 3人\longrightarrow 3人$$
$$3人\longrightarrow 3人\longrightarrow 3人\longrightarrow 2人$$
$$3人\longrightarrow 3人\longrightarrow 2人\longrightarrow 2人$$
$$3人\longrightarrow 2人\longrightarrow 2人\longrightarrow 2人$$

この $\longrightarrow$ の変化に対する確率は,すでに計算したようにすべて$\dfrac{1}{3}$であるから,求める確率は

$$\left(\frac{1}{3}\right)^3\times4=\frac{4}{27}$$

114　解答

(1)　Aが優勝するのは,勝ち負けの数字が

$$4-0,\ 4-1,\ 4-2,\ 4-3$$

の4つの場合がある．以下,Aの勝ちを○印で,負けを×印で表す．

(ア)　4-0 のとき

これは4連勝しかない．つまり

$$○○○○$$

の1通り．

(イ)　4-1 のとき

最後の 5 試合目は A の勝ちなので，初めの 4 試合は 3 勝 1 敗になる．

4 つの場所から，×印の場所 1 つを選べばよいから，

$$_4\mathrm{C}_1 = 4 \text{ 通り}$$

(ウ)　4−2 のとき

初めの 5 試合が 3 勝 2 敗で，最後の 6 試合目に A が勝つ場合である．

```
○○○××｜○
○○×○×｜○
○○××○｜○
○×○○×｜○
○×○×○｜○
○××○○｜○
×○○○×｜○
×○○×○｜○
×○×○○｜○
××○○○｜○
```

5 つの場所から×印の 2 か所を選べばよいから，

$$_5\mathrm{C}_2 = \frac{5\times4}{2\times1} = 10 \text{ 通り}$$

(エ)　4−3 のとき

初めの 6 試合が 3 勝 3 敗で，7 試合目に A が勝つ場合である．

```
○○○×××｜○
○○×○××｜○
    ⋮    ｜⋮
×××○○○｜○
```

6 つの場所から×印の 3 か所を選べばよいから，

$$_6\mathrm{C}_3 = \frac{6\times5\times4}{3\times2\times1} = 20 \text{ 通り}$$

(ア)，(イ)，(ウ)，(エ) をあわせると，

$$1+4+10+20 = \textbf{35 通り}$$

(2)　(1) の (ア)〜(エ) の場合分けに対応した確率を求めればよい．

　　　○印の確率は 0.6

　　　×印の確率は 1−0.6＝0.4

である．

よって，

(ア)　4−0 で優勝する確率は

$$(0.6)^4$$

(イ)　4−1 で優勝する確率は

$$(0.6)^4 \cdot (0.4) \times 4$$

(ウ)　4−2 で優勝する確率は

$$(0.6)^4 \cdot (0.4)^2 \times 10$$

(エ)　4−3 で優勝する確率は

$$(0.6)^4 \cdot (0.4)^3 \times 20$$

(ア)〜(エ) を合計すると，$(0.6)^4$ でくくって，

$$(0.6)^4\{1+4\times0.4+10\times(0.4)^2+20\times(0.4)^3\}$$
$$=(0.6)^4(1+1.6+1.6+1.28)$$
$$=(0.6)^4\times5.48$$
$$=0.1296\times5.48$$
$$=0.710208$$

よって，

$$\textbf{約 0.71}$$

115　解答

(1)　1 つのサイコロを 1 回投げて，6 の目が出ることを○，出ないことを×で表すと，101 回投げたときに 6 の目が k 回出ることは，

　　k 個の○と $101-k$ 個の×

を並べた順列で表される．このような順列 1 つに対応するサイコロの目が出る確率はそれぞれ

$$\left(\frac{1}{6}\right)^k \left(\frac{5}{6}\right)^{101-k}$$

である．

また，上のような順列は全部で

$$_{101}\mathrm{C}_k \text{ 通り}$$

あるから，

$$p_k = {}_{101}\mathrm{C}_k \left(\frac{1}{6}\right)^k \left(\frac{5}{6}\right)^{101-k}$$

である．

k のところに $k-1$ を代入すると，

$$p_{k-1} = {}_{101}\mathrm{C}_{k-1} \left(\frac{1}{6}\right)^{k-1} \left(\frac{5}{6}\right)^{101-(k-1)}$$

$$= {}_{101}\mathrm{C}_{k-1} \left(\frac{1}{6}\right)^{k-1} \left(\frac{5}{6}\right)^{102-k}$$

となるから，

$$\frac{p_k}{p_{k-1}}=\frac{{}_{101}\mathrm{C}_k\left(\frac{1}{6}\right)^k\left(\frac{5}{6}\right)^{101-k}}{{}_{101}\mathrm{C}_{k-1}\left(\frac{1}{6}\right)^{k-1}\left(\frac{5}{6}\right)^{102-k}}$$

$$=\frac{{}_{101}\mathrm{C}_k}{{}_{101}\mathrm{C}_{k-1}}\times\frac{\frac{1}{6}}{\frac{5}{6}}$$

$$=\frac{1}{5}\times\frac{{}_{101}\mathrm{C}_k}{{}_{101}\mathrm{C}_{k-1}}$$

$$=\frac{1}{5}\times\frac{\frac{101!}{k!(101-k)!}}{\frac{101!}{(k-1)!(102-k)!}}$$

$$=\frac{1}{5}\times\frac{(k-1)!}{k!}\times\frac{(102-k)!}{(101-k)!}$$

$$=\frac{1}{5}\times\frac{1}{k}\times(102-k)$$

$$=\frac{102-k}{5k}$$

である.

(2) p_k の増減は $\frac{p_k}{p_{k-1}}$ と1との大小関係で判定される. 実際

$$\begin{cases}\frac{p_k}{p_{k-1}}>1 \iff p_k>p_{k-1}\\ \frac{p_k}{p_{k-1}}=1 \iff p_k=p_{k-1}\\ \frac{p_k}{p_{k-1}}<1 \iff p_k<p_{k-1}\end{cases}$$

である.
(1)により

$$\frac{p_k}{p_{k-1}}\gtreqless1 \iff \frac{102-k}{5k}\gtreqless1$$

$$\iff 102-k\gtreqless5k \iff 17\gtreqless k$$

であるから,

$$p_k\gtreqless p_{k-1} \iff 17\gtreqless k$$

となる. つまり,
・$k\le16$ のときは $p_k>p_{k-1}$, つまり
$$p_1<p_2<p_3<\cdots<p_{15}<p_{16}$$
・$k=17$ のときは $p_k=p_{k-1}$, つまり
$$p_{16}=p_{17}$$
・$k\ge18$ のときは $p_k<p_{k-1}$, つまり

$$p_{17}>p_{18}>p_{19}>\cdots$$
まとめると,
$$p_1<p_2<\cdots<p_{15}<p_{16}=p_{17}>p_{18}>\cdots$$
である.
よって, p_{16} と p_{17} が最大のものである. つまり,
$$k=16,\ 17$$

116 解答
A の起こらない確率 q は $q=1-p$ である. n 回の試行で, A が k 回起こる確率を P_k とすると,
$$P_k={}_n\mathrm{C}_k p^k q^{n-k}$$
である.
偶数 k に対する P_k の和が求める確率 P である. つまり,
$$P=P_0+P_2+P_4+\cdots$$
$$={}_n\mathrm{C}_0 q^n+{}_n\mathrm{C}_2 p^2 q^{n-2}+\cdots$$
さて, ここで, 二項定理を利用する.
$$(x+y)^n={}_n\mathrm{C}_0 x^n+{}_n\mathrm{C}_1 x^{n-1}y+{}_n\mathrm{C}_2 x^{n-2}y^2+\cdots$$
なので, $x=q$, $y=p$ とおくと,
$$(q+p)^n={}_n\mathrm{C}_0 q^n+{}_n\mathrm{C}_1 q^{n-1}p+{}_n\mathrm{C}_2 q^{n-2}p^2+{}_n\mathrm{C}_3 q^{n-3}p^3+\cdots \quad\cdots①$$
$x=q$, $y=-p$ とおくと,
$$(q-p)^n={}_n\mathrm{C}_0 q^n-{}_n\mathrm{C}_1 q^{n-1}p+{}_n\mathrm{C}_2 q^{n-2}p^2-{}_n\mathrm{C}_3 q^{n-3}p^3+\cdots \quad\cdots②$$
①+② より
$$(q+p)^n+(q-p)^n$$
$$=2\{{}_n\mathrm{C}_0 q^n+{}_n\mathrm{C}_2 q^{n-2}p^2+{}_n\mathrm{C}_4 q^{n-4}p^4+\cdots\}$$
2で割って, $q=1-p$ を代入すると,
$${}_n\mathrm{C}_0 q^n+{}_n\mathrm{C}_0 q^{n-2}p^2+\cdots$$
$$=\frac{1}{2}\{(q+p)^n+(q-p)^n\}$$
$$=\frac{1}{2}\{1+(1-2p)^n\}$$
よって, 証明された.

14　条件つき確率
117 解答
サイコロを2回投げるとき, 1回目の目を x

64

とし，2回目の目を y とする．全事象は (x, y) の全体 U であるから，

$$n(U) = 6 \times 6 = 36$$

このうち，A は $x > y$ である事象である．36通りの事象は，$x > y$ と $x < y$ と $x = y$ に分けられ，$x > y$ と $x < y$ の個数は等しい．よって，全体の36通りから $x = y$ となる6通りを引いて2で割れば，

$$n(A) = \frac{36 - 6}{2} = 15$$

となる．

$A \cap B$ は $x > y$ かつ $x + y$ が偶数になるという事象．これを満たす (x, y) を x が小さい方から列挙していくと，

$$(x, y) = (3, 1)$$
$$(4, 2)$$
$$(5, 1),\ (5, 3)$$
$$(6, 2),\ (6, 4)$$

の6通り．つまり，

$$n(A \cap B) = 6$$

よって，条件 A の下での B の確率 $P_A(B)$ は

$$P_A(B) = \frac{P(A \cap B)}{P(A)} = \frac{n(A \cap B)}{n(U)} \div \frac{n(A)}{n(U)}$$
$$= \frac{n(A \cap B)}{n(A)} = \frac{6}{15}$$
$$= \frac{2}{5}$$

118　解答

4つの玉を重さが軽い順に a, b, c, d とする．順に2つの玉を取り出す方法は，

$$4 \times 3 = 12 \text{ 通り}$$

これが全事象 U の個数である．このうち，2番目の玉が1番目の玉よりも重いという事象を A とすれば，A は

$$ab,\ ac,\ ad,\ bc,\ bd,\ cd$$

の6通りである．また，2番目の玉が4個の中で一番重いという事象を B とすれば，$A \cap B$ は B と同じで，2番目が一番重い d ということだから，

$$ad,\ bd,\ cd$$

の3通りである．以上をまとめると，

$$n(U) = 12$$
$$n(A) = 6$$
$$n(A \cap B) = n(B) = 3$$

よって，

$$P(A) = \frac{n(A)}{n(U)} = \frac{6}{12}$$
$$P(A \cap B) = \frac{n(A \cap B)}{n(U)} = \frac{3}{12}$$

であり，2番目が1番目よりも重いという条件の下で，2番目が一番重い確率は

$$P_A(B) = \frac{P(A \cap B)}{P(A)} = \frac{3}{12} \div \frac{6}{12}$$
$$= \frac{1}{2}$$

119　解答

(1) まず，全事象 U を考える．U は4枚のカードから無作為に3枚のカードを取り出して1列に並べる並べ方の全体であるから，

$$n(U) = 4 \times 3 \times 2 = 24 \text{ 通り}$$

である．このうち，左端のカードが1でないという事象を A とし，中央のカードが1であるという事象を B とする．$n(A)$, $n(A \cap B)$ を求める．

左端のカードが1でないとき，左端は2, 3, 4の3通りである．その各々に対して中央のカードは4枚から左端のカードを除いた3通り，右端は2通りとなるから，

$$n(A) = 3 \times 3 \times 2 = 18$$

となる．また，$A \cap B$ は「左端が1でなく，中央が1である」ということだから，単に中央のカードが1である事象 B と同じである．中央のカードが1のとき，左端は1以外の3通り，右端は中央の1と左端以外の2通りとなるから，

$$n(A \cap B) = n(B) = 3 \times 2 = 6$$

である．以上から，

$$P(A) = \frac{n(A)}{n(U)} = \frac{18}{24} = \frac{3}{4}$$
$$P(A \cap B) = \frac{n(A \cap B)}{n(U)} = \frac{6}{24} = \frac{1}{4}$$

よって，A という条件の下での B の確率

$P_A(B)$ は,

$$P_A(B) = \frac{P(A \cap B)}{P(A)} = \frac{\dfrac{1}{4}}{\dfrac{3}{4}} = \frac{1}{3}$$

つまり,

$$p = \frac{1}{3}$$

である.

(2)　左端が1でなく, かつ右端が4でないという事象を C とする. 左端, 右端, 中央の順でカードを決めていく. 左端が2あるいは3のときは, 右端は4と左端の数字以外の2通り, 中央は2通りとなるから,

$$2 \times 2 \times 2 = 8 \text{ 通り}$$

左端が4のときは, 右端は4以外の3通り, 中央は残りの2通りとなるから,

$$1 \times 3 \times 2 = 6 \text{ 通り}$$

合わせると,

$$n(C) = 8 + 6 = 14$$

よって,

$$P(C) = \frac{n(C)}{n(U)} = \frac{14}{24} = \frac{7}{12}$$

中央のカードが1である事象は(1)の B であるが, $C \cap B$ は「中央が1で右端が4でない」事象となるから, 中央は1の1通り, 右端は1と4以外の2通り, 左端は残りの2通りとなり,

$$n(C \cap B) = 1 \times 2 \times 2 = 4$$

$$P(C \cap B) = \frac{n(C \cap B)}{n(U)} = \frac{4}{24} = \frac{1}{6}$$

となる. したがって, C という条件の下での B の確率 $P_C(B)$ は,

$$P_C(B) = \frac{P(C \cap B)}{P(C)} = \frac{\dfrac{1}{6}}{\dfrac{7}{12}} = \frac{2}{7}$$

つまり,

$$q = \frac{2}{7}$$

である.

120　解答

(1)　1から12のカードの取り出し方の全体を U とすれば,

$$n(U) = 12$$

そのうち, 2の倍数は2, 4, 6, 8, 10, 12の6個, 3の倍数は3, 6, 9, 12の4個あるから,

$$n(A) = 6, \ n(B) = 4$$

よって,

$$P(A) = \frac{n(A)}{n(U)} = \frac{6}{12} = \frac{1}{2}$$

$$P(B) = \frac{n(B)}{n(U)} = \frac{4}{12} = \frac{1}{3}$$

また, $A \cap B$ はカードの番号が「2の倍数かつ3の倍数」(つまり6の倍数) ということだから, 6, 12の2個であり,

$$n(A \cap B) = 2$$

よって,

$$P(A \cap B) = \frac{n(A \cap B)}{n(U)} = \frac{2}{12} = \frac{1}{6}$$

(2)　$P(A) = \dfrac{1}{2}$, $P(B) = \dfrac{1}{3}$ であるから,

$$P(A)P(B) = \frac{1}{2} \times \frac{1}{3} = \frac{1}{6}$$

である. よって,

$$P(A \cap B) = P(A)P(B)$$

が成り立つから,

A と B は独立である.

121　解答

3枚のカードを C1, C2, C3 とし, C1の1つの面を C1a, その裏の面を C1b のように表す. すると,

C1a　赤	C1b　赤
C2a　白	C2b　白
C3a　赤	C3b　白

となる. カードを無作為に引き, 面も無作為に選ぶと, 上の6通りとなる. これが全事象 U であるから,

$$n(U) = 6$$

このうち, 選んだカードの選んだ面が赤である事象を A とし, 選んだ面の裏側が白であ

66

る事象を B とする．このとき，条件つき確率 $P_A(B)$ を求めればよい．

U の6通りのうち，赤は3通りあるから，

$$n(A)=3,\ P(A)=\frac{3}{6}$$

である．また，$A \cap B$ は選んだ面が赤で，その裏が白という事象であるが，それを満たすのは，

C3a

だけなので，

$$n(A \cap B)=1,\ P(A \cap B)=\frac{1}{6}$$

である．よって，選んだ面が赤のときに裏が白である確率は，

$$P_A(B)=\frac{P(A \cap B)}{P(A)}=\frac{1}{6} \div \frac{3}{6}$$

$$=\frac{1}{3}$$

122 解答

(1) 表を○，裏を×で表す．全事象 U は○と×を3個並べた順列の全体であるから，

$$n(U)=2 \times 2 \times 2=8$$

このうち，E は1回目に○が出るものであるから，

$$E：○○○，○○×，○×○，○××$$

F は○が2個以上のものであるから，

$$F：○○○，○○×，○×○，×○○$$

G は3つとも○か3つとも×のものであるから，

$$G：○○○，×××$$

となる．また，

$$E \cap F：○○○，○○×，○×○$$
$$E \cap G：○○○$$

となる．よって，

$$n(E)=4,\ n(F)=4,\ n(G)=2$$
$$n(E \cap F)=3,\ n(E \cap G)=1$$

であるから，確率は，それぞれ，

$$P(E)=\frac{n(E)}{n(U)}=\frac{4}{8}=\frac{1}{2}$$

$$P(F)=\frac{n(F)}{n(U)}=\frac{4}{8}=\frac{1}{2}$$

$$P(G)=\frac{n(G)}{n(U)}=\frac{2}{8}=\frac{1}{4}$$

$$P(E \cap F)=\frac{n(E \cap F)}{n(U)}=\frac{3}{8}$$
$$P(E \cap G)=\frac{n(E \cap G)}{n(U)}=\frac{1}{8}$$

となる．

(2) (1)の結果から，

$$P(E \cap F)=\frac{3}{8}$$

$$P(E)P(F)=\frac{1}{2} \times \frac{1}{2}=\frac{1}{4}$$

であるから，

$$P(E \cap F) \neq P(E)P(F)$$

よって，

E と F は独立ではない．

(3) (1)の結果から，

$$P(E \cap G)=\frac{1}{8}$$

$$P(E)P(G)=\frac{1}{2} \times \frac{1}{4}=\frac{1}{8}$$

であるから，

$$P(E \cap G)=P(E)P(G)$$

よって，

E と G は独立である．

123 解答

帽子を忘れて帰宅するという事象を X とする．

X の余事象は，3軒のいずれの家でも帽子を忘れないということだから，これを引けば，

$$P(X)=1-\left(\frac{4}{5}\right)^3=\frac{61}{125}$$

2軒目の家Bに帽子を忘れるという事象を Y とすれば，$X \cap Y$ は Y と同じである．よって，

$$P(X \cap Y)=P(Y)=\frac{4}{5} \times \frac{1}{5}=\frac{4}{25}$$

よって，帽子を忘れたという条件の下で，2軒目の家に忘れてきた確率は

$$P_X(Y)=\frac{P(X \cap Y)}{P(X)}=\frac{4}{25} \div \frac{61}{125}$$

$$=\frac{20}{61}$$

124　解答

(1)　無作為に選ばれた1人は，Xにかかっているか，X以外の病気にかかっているか，あるいは全く健康か，のいずれかである．そこで，事象 A，B，C を

A　Xにかかっている
B　X以外の病気にかかっている
C　全くの健康である

とする．また，無作為に選ばれた1人が X と診断されるという事象を D とする．すると，Xにかかっていて X と診断される確率は，

$$P(A)P_A(D)=\frac{2}{100}\times\frac{96}{100}=\frac{192}{10000}$$

また，X以外の病気にかかっていて X と診断される確率は，

$$P(B)P_B(D)=\frac{6}{100}\times\frac{10}{100}=\frac{60}{10000}$$

最後に，全くの健康であり X と診断される確率は，

$$P(C)P_C(D)=\frac{92}{100}\times\frac{4}{100}=\frac{368}{10000}$$

である．以上の3つの和が求める確率 $P(D)$ であるから，

$$P(D)=\frac{192+60+368}{10000}=\frac{620}{10000}$$
$$=0.062$$

(2)　$A\cap D$ は，無作為に選ばれた1人が X にかかっていて，なおかつ X と診断される，という事象を表すから，

$$P(A\cap D)=\frac{2}{100}\times\frac{96}{100}=\frac{192}{10000}$$

無作為に選ばれた1人が X と診断されたという条件の下で，その人が X にかかっている確率は，D という条件の下での A の確率になるから，

$$P_D(A)=\frac{P(A\cap D)}{P(D)}=\frac{192}{10000}\div\frac{620}{10000}$$
$$=\frac{192}{620}=0.3096\cdots$$

となる．よって，四捨五入により小数第2位まで求めると，

0.31

である．

15　期待値

125　解答

2個のさいころの目をそれぞれ x，y とする．(x, y) のとり方は全部で

$$6\times6=36 \text{ 通り}$$

である．これを目の和 $x+y$ の値で分類する．$x+y$ の値は次の表のようになる．

x\y	1	2	3	4	5	6
1	2	3	4	5	6	7
2	3	4	5	6	7	8
3	4	5	6	7	8	9
4	5	6	7	8	9	10
5	6	7	8	9	10	11
6	7	8	9	10	11	12

したがって，目の和の値ごとに，それが起こる確率は次の表のようになる．

目の和	2	3	4	5	6	7
確率	$\frac{1}{36}$	$\frac{2}{36}$	$\frac{3}{36}$	$\frac{4}{36}$	$\frac{5}{36}$	$\frac{6}{36}$

目の和	8	9	10	11	12
確率	$\frac{5}{36}$	$\frac{4}{36}$	$\frac{3}{36}$	$\frac{2}{36}$	$\frac{1}{36}$

よって，

(目の和の期待値)
$$=2\times\frac{1}{36}+3\times\frac{2}{36}+4\times\frac{3}{36}+5\times\frac{4}{36}$$
$$+6\times\frac{5}{36}+7\times\frac{6}{36}+8\times\frac{5}{36}+9\times\frac{4}{36}$$
$$+10\times\frac{3}{36}+11\times\frac{2}{36}+12\times\frac{1}{36}$$
$$=\frac{1}{36}(2+6+12+20+30+42+40+36$$
$$+30+22+12)$$
$$=\frac{1}{36}\times252$$
$$=7$$

126　解答

(1)　2つのサイコロの目を x，y とする．

68

(x, y) の起こり方は全部で

$$6 \times 6 = 36 \text{ 通り}$$

ある．このとき，X は定義により

$$X = \begin{cases} x & (x \leq y \text{ のとき}) \\ y & (x > y \text{ のとき}) \end{cases}$$

であるから，$X = 2$ となる (x, y) の組は，

$(2, 2),\ (2, 3),\ (2, 4),\ (2, 5),\ (2, 6)$

$(3, 2)$

$(4, 2)$

$(5, 2)$

$(6, 2)$

の 9 通りである．

よって，$X = 2$ となる確率 $P(X=2)$ は

$$P(X=2) = \frac{9}{36}$$
$$= \frac{1}{4}$$

(2) 36 通りの (x, y) に対して X のとる値の表をつくると，次のようになる．

x＼y	1	2	3	4	5	6
1	1	1	1	1	1	1
2	1	2	2	2	2	2
3	1	2	3	3	3	3
4	1	2	3	4	4	4
5	1	2	3	4	5	5
6	1	2	3	4	5	6

この表から，$X = k$ となる確率 $P(X=k)$ は次のようになる．

k	1	2	3	4	5	6
$P(X=k)$	$\frac{11}{36}$	$\frac{9}{36}$	$\frac{7}{36}$	$\frac{5}{36}$	$\frac{3}{36}$	$\frac{1}{36}$

よって，

$$(X \text{ の期待値}) = \sum_{k=1}^{6} k \cdot P(X=k)$$
$$= 1 \times \frac{11}{36} + 2 \times \frac{9}{36} + 3 \times \frac{7}{36} + 4 \times \frac{5}{36} + 5 \times \frac{3}{36}$$
$$+ 6 \times \frac{1}{36}$$
$$= \frac{1}{36}(11 + 18 + 21 + 20 + 15 + 6)$$

$$= \frac{91}{36}$$

127 　解答

赤球 5 個，白球 3 個の計 8 個から 3 個取り出す方法の数は

$$_8C_3 = \frac{8 \times 7 \times 6}{3 \times 2 \times 1} = 56 \text{ 通り}$$

ある．このうち赤が x 個含まれるのは，赤 5 個から x 個取り，白 3 個から残りの $3-x$ 個を取る場合だから，その取り方の数は

$$_5C_x \cdot {}_3C_{3-x}$$

である．よって，

$$P(x) = \frac{{}_5C_x \cdot {}_3C_{3-x}}{56}$$

　　（ただし，$x = 0,\ 1,\ 2,\ 3$）

である．

分子を $x = 0, 1, 2, 3$ の場合に計算すると，

$x = 0$ のとき

$$_5C_0 \cdot {}_3C_3 = 1$$

$x = 1$ のとき

$$_5C_1 \cdot {}_3C_2 = 5 \times 3 = 15$$

$x = 2$ のとき

$$_5C_2 \cdot {}_3C_1 = 10 \times 3 = 30$$

$x = 3$ のとき

$$_5C_3 \cdot {}_3C_0 = 10 \times 1 = 10$$

なので，$P(x)$ は次の表のようになる．

x	0	1	2	3
$P(x)$	$\frac{1}{56}$	$\frac{15}{56}$	$\frac{30}{56}$	$\frac{10}{56}$

また，

$$(x \text{ の平均値}) = \sum_{x=0}^{3} xP(x)$$
$$= 0 \times \frac{1}{56} + 1 \times \frac{15}{56} + 2 \times \frac{30}{56} + 3 \times \frac{10}{56} = \frac{15}{8}$$

128 　解答

(1) 1 ～ 6 から重複なしで 3 文字を選ぶと，小さい順に 1, 2, 3 と選んでも最大の数字は $X = 3$ となってしまうので，$X = 1, 2$ になることはありえない．つまり，

$$P(X=1) = 0,\ P(X=2) = 0$$

である．そこで，
$$j=3,\ 4,\ 5,\ 6$$
に対して $P(X=j)$ を求める．1から6までの6個の数字から，3文字を選ぶ選び方は
$$_6C_3=\frac{6\cdot5\cdot4}{3\cdot2\cdot1}=20\ \text{通り}$$
ある．このうち最大の数字 $X=j$ となるには，

まず数字 j を選び，

次に1から $j-1$ までの $j-1$ 個の数から2つを選ぶ

わけなので，その選び方は，
$$1\times_{j-1}C_2\ \text{通り}$$
である．よって，$j=3,\ 4,\ 5,\ 6$ に対して
$$P(X=j)=\frac{_{j-1}C_2}{20}$$
$$=\frac{(j-1)(j-2)}{2}\cdot\frac{1}{20}$$
$$=\frac{(j-1)(j-2)}{40}$$
となる．この式に $j=1$ と $j=2$ を代入すると，0となり正しい結果なので，あわせると，$j=1,\ 2,\ \cdots,\ 6$ に対して，
$$P(X=j)=\frac{(j-1)(j-2)}{40}$$
となる．

(2) X の期待値は，
$$\sum_{j=1}^{6}jP(X=j)=\sum_{j=1}^{6}\frac{j(j-1)(j-2)}{40}$$
$$=\frac{1}{40}(3\times2\times1+4\times3\times2+5\times4\times3$$
$$+6\times5\times4)$$
$$=\frac{1}{40}(6+24+60+120)$$
$$=\frac{210}{40}=\frac{21}{4}$$

129　解答

(1) $X=1$ になるのは，サイコロを1回振っただけで，目の和が3以上になるときである．つまり，サイコロを1回振ったとき，出る目が3，4，5，6のどれかである場合である．よって，

$$P(X=1)=\frac{4}{6}=\frac{2}{3}$$

(2) $X\le2$ の余事象を考える．これは $X\ge3$ であるが，3回サイコロを振れば必ず目の和は3以上になるから，$X\ge4$ ということはあり得ない．つまり，実は $X=3$ ということになる．

$X=3$ とは，サイコロを3回振って初めて目の和が3以上になることである．これは，初めの2回の目がともに1で，3回目は1から6のどれでもよいという場合である．よって，
$$P(X=3)=\frac{1\times1\times6}{6\times6\times6}=\frac{1}{36}$$
となる．したがって，余事象を求めれば
$$P(X\le2)=1-P(X=3)$$
$$=1-\frac{1}{36}$$
$$=\frac{35}{36}$$

(3) (1), (2)から，
$$P(X=1)=\frac{2}{3},\ P(X\le2)=\frac{35}{36}$$
なので，
$$P(X=2)=P(X\le2)-P(X=1)$$
$$=\frac{35}{36}-\frac{2}{3}$$
$$=\frac{11}{36}$$

以上をまとめると，次の表を得る．

k	1	2	3
$P(X=k)$	$\frac{2}{3}$	$\frac{11}{36}$	$\frac{1}{36}$

よって，
$$(X\text{の期待値})$$
$$=1\times\frac{2}{3}+2\times\frac{11}{36}+3\times\frac{1}{36}$$
$$=\frac{24+22+3}{36}=\frac{49}{36}$$

130　解答

まず $X=k$ となる確率 $P(X=k)$ を求める．n 枚のカードから2枚のカードを取り出す取り出し方は，

ある．このうち取り出した2枚のカードの数字の大きい方の数字 X が $X=k$ となる場合の数を求める．ただし，$X=1$ ということはあり得ないので

$$k=2, 3, 4, \cdots, n$$

とする．
$X=k$ となるのは2つの数字が

$$1 \text{と} k$$
$$2 \text{と} k$$
$$\vdots$$
$$k-1 \text{と} k$$

になるときであるから，$k-1$ 通りである．
よって，

$$P(X=k)=\frac{k-1}{{}_nC_2}=\frac{k-1}{\dfrac{n(n-1)}{2 \cdot 1}}=\frac{2(k-1)}{n(n-1)}$$

となる．この式で $k=1$ とおくと，正しい結果

$$P(X=1)=0$$

を与えるので，$k=1, 2, 3, \cdots, n$ に対して，

$$P(X=k)=\frac{2(k-1)}{n(n-1)}$$

となる．
よって，X の期待値 $E(X)$ は

$$E(X)=\sum_{k=1}^{n} k \cdot P(X=k)$$
$$=\sum_{k=1}^{n} k \cdot \frac{2(k-1)}{n(n-1)}$$
$$=\frac{2}{n(n-1)}\sum_{k=1}^{n}(k^2-k)$$

となるが，ここで，

$$\sum_{k=1}^{n}(k^2-k)=\frac{1}{6}n(n+1)(2n+1)$$
$$-\frac{1}{2}n(n+1)$$
$$=\frac{1}{6}n(n+1)\{(2n+1)-3\}$$
$$=\frac{1}{3}n(n+1)(n-1)$$

なので，

$$E(X)=\frac{2}{n(n-1)} \cdot \frac{1}{3}n(n+1)(n-1)$$

$$=\frac{2(n+1)}{3}$$

131 解答

(1) $X=1$ になるのは次の2つの場合がある．

(ア) 1回目に1の目が出る．

(イ) 1回目に偶数の目 (2, 4, 6) が出て，2回目に1の目が出る．

(ア)になる確率は $\dfrac{1}{6}$ である．

(イ)になる確率は

$$\frac{3}{6} \times \frac{1}{6}$$

である．(ア), (イ)をあわせると，

$$P(X=1)=\frac{1}{6}+\frac{3}{6} \times \frac{1}{6}$$
$$=\frac{1}{6}+\frac{1}{12}=\frac{1}{4}$$

(2) $X=2$ になるのは，

1回目に偶数の目 (2, 4, 6) が出て，2回目に2が出る

場合だけである．よって，

$$P(X=2)=\frac{3}{6} \times \frac{1}{6}=\frac{1}{12}$$

である．

(3) (1)の議論は $X=1$ だけでなく，$X=$ (奇数) の場合に，まったく同様に適用される．
つまり

$$P(X=3)=\frac{1}{4}, \ P(X=5)=\frac{1}{4}$$

となる．
また，(2)の議論は $X=2$ だけでなく，$X=$ (偶数) の場合に，まったく同様に適用される．
つまり

$$P(X=4)=\frac{1}{12}, \ P(X=6)=\frac{1}{12}$$

である．よって，次の表を得る．

k	1	3	5	2	4	6
$P(X=k)$	$\frac{1}{4}$	$\frac{1}{4}$	$\frac{1}{4}$	$\frac{1}{12}$	$\frac{1}{12}$	$\frac{1}{12}$

これから X の期待値 $E(X)$ を計算すると,

$$E(X)=\sum_{k=1}^{6}k\cdot P(X=k)$$

$$=(1+3+5)\times\frac{1}{4}+(2+4+6)\times\frac{1}{12}$$

$$=\frac{9}{4}+\frac{12}{12}=\boldsymbol{\frac{13}{4}}$$

132 考え方

できあがった三角形の形で分類する.

解答

3点のとり方は

$$6\times6\times6=216 \text{ 通り}$$

である. 3点を頂点とする三角形は, 合同なものを除くと次のように分類される.

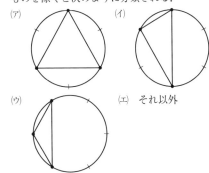

(エ)に属するものは面積0である.

216通りのうち, (ア), (イ), (ウ)になるような3点のとり方が何通りあるか調べる.

(ア) の場合

最初の点はどこでもよいので6通り.

2つ目の点は, 正三角形の残りの2つの頂点のうちの1つを選ばなくてはならないので2通り.

3つ目の点は, 正三角形の最後の頂点にしなくてはならないので1通り. よって,

$$6\times2\times1=6\times2 \text{ 通り}$$

(イ) の場合

最初の点Pはどこでもよいので6通り.

2つ目の点Qのとり方は, 次の3つに分かれる.

(i) 最初の点のとなり…2通り

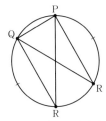

このとき, 3つ目の点Rのとり方は上の図の2通りある. よって,

$$2\times2=4 \text{ 通り}$$

(ii) 最初の点のとなりのとなり…2通り

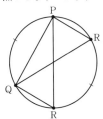

このときも3つ目の点Rのとり方は上の図の2通りある. よって,

$$2\times2=4 \text{ 通り}$$

(iii) 最初の点と円の中心に関して正反対の点
　　…1通り

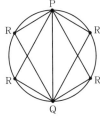

このとき, 3つ目の点Rのとり方は上の図のように残り4点のどこでもよい. よって,

$$4 \text{ 通り}$$

(i)～(iii)をあわせると

$$6\times(4+4+4)=6\times12 \text{ 通り}$$

(ウ) の場合

最初の点Pはどこでもよいので6通り.

2つ目の点Qのとり方は次の2つがある.

(i) 最初の点のとなり…2通り

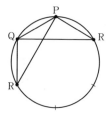

このとき，3つ目の点Rのとり方は上の図のように2通りある．よって，
$$2×2=4 \text{ 通り}$$

(ii) 最初の点のとなりのとなり…2通り

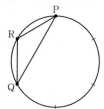

このとき，3つ目の点Rのとり方は上の図のようにただ1通りになる．よって，
$$2×1=2 \text{ 通り}$$

(i)，(ii) をあわせると
$$6×(4+2)=6×6 \text{ 通り}$$

(エ) の場合
6^3 通りから (ア)〜(ウ) を引けばよいから，
$$6^3-(6×2+6×12+6×6)$$
$$=6^3-6×20=6×16 \text{ 通り}$$

次に，(ア)〜(エ)のそれぞれの場合の三角形の面積を求める．

(ア) の場合

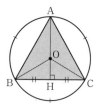

$OA=1$，$OH=\dfrac{1}{2}$，$BH=\dfrac{\sqrt{3}}{2}$，$BC=\sqrt{3}$ なので，
$$(\text{面積})=\frac{1}{2}BC \cdot AH=\frac{1}{2} \cdot \sqrt{3} \cdot \frac{3}{2}$$
$$=\frac{3\sqrt{3}}{4}$$

(イ) の場合

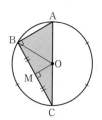

$AB=1$，$BM=\dfrac{\sqrt{3}}{2}$，$BC=\sqrt{3}$ なので，
$$(\text{面積})=\frac{1}{2}AB \cdot BC=\frac{1}{2}×1×\sqrt{3}$$
$$=\frac{\sqrt{3}}{2}$$

(ウ) の場合

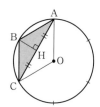

$BH=\dfrac{1}{2}$，$AH=\dfrac{\sqrt{3}}{2}$，$AC=\sqrt{3}$ なので，
$$(\text{面積})=\frac{1}{2}AC \cdot BH=\frac{1}{2} \cdot \sqrt{3} \cdot \frac{1}{2}$$
$$=\frac{\sqrt{3}}{4}$$

以上をまとめると，(ア)，(イ)，(ウ)，(エ) の場合の確率と面積は次のようになる．

	(ア)	(イ)	(ウ)	(エ)
場合の数	6×2	6×12	6×6	6×16
確　率	$\dfrac{2}{6^2}$	$\dfrac{12}{6^2}$	$\dfrac{6}{6^2}$	$\dfrac{16}{6^2}$
面　積	$\dfrac{3\sqrt{3}}{4}$	$\dfrac{\sqrt{3}}{2}$	$\dfrac{\sqrt{3}}{4}$	0

よって，面積の期待値は，
$$\frac{3\sqrt{3}}{4}×\frac{2}{6^2}+\frac{\sqrt{3}}{2}×\frac{12}{6^2}+\frac{\sqrt{3}}{4}×\frac{6}{6^2}$$
$$+0×\frac{16}{6^2}$$

$$=\frac{\sqrt{3}}{24}+\frac{\sqrt{3}}{6}+\frac{\sqrt{3}}{24}$$

$$=\frac{(1+4+1)\sqrt{3}}{24}$$

$$=\frac{\sqrt{3}}{4}$$

第5章　図形と計量

16　三角比

133 解答

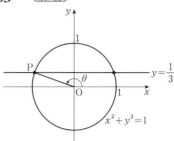

単位円 $x^2+y^2=1$ 上で $y=\dfrac{1}{3}$ に対応する

点をPとすると, OP が x 軸の正の部分と
なす角が θ である.

$90°<\theta<180°$ であるから, P は第2象限に
ある.

$$\cos^2\theta=1-\sin^2\theta=1-\left(\frac{1}{3}\right)^2$$

$$=\frac{8}{9}$$

$$\cos\theta=\pm\sqrt{\frac{8}{9}}=\pm\frac{2\sqrt{2}}{3}$$

P$(\cos\theta,\ \sin\theta)$ が第2象限の点なので,
$\cos\theta<0$ である. よって,

$$\cos\theta=-\frac{2\sqrt{2}}{3}$$

また, $\tan\theta=\dfrac{\sin\theta}{\cos\theta}$ であるから,

$$\tan\theta=\frac{\dfrac{1}{3}}{-\dfrac{2\sqrt{2}}{3}}=-\frac{1}{2\sqrt{2}}$$

となる.

134 考え方

条件式も値を求めたい式も, すべて $\sin\theta$
と $\cos\theta$ の対称式である. したがって, 基本
対称式

$$\sin\theta+\cos\theta,\ \sin\theta\cos\theta$$

の値がわかればよい.

条件式を2乗して,
$$\sin^2\theta+\cos^2\theta=1$$
を利用する.

解答

$$\sin\theta+\cos\theta=\frac{\sqrt{3}}{3} \qquad \cdots ①$$

を2乗して,
$$\sin^2\theta+2\sin\theta\cos\theta+\cos^2\theta=\frac{1}{3}$$

$\sin^2\theta+\cos^2\theta=1$ だから,
$$1+2\sin\theta\cos\theta=\frac{1}{3}$$

よって,
$$\sin\theta\cos\theta=-\frac{1}{3}$$

次に,この式と①により,

$\sin^3\theta+\cos^3\theta$
$=(\sin\theta+\cos\theta)(\sin^2\theta-\sin\theta\cos\theta+\cos^2\theta)$
$=(\sin\theta+\cos\theta)(1-\sin\theta\cos\theta)$
$=\dfrac{\sqrt{3}}{3}\left\{1-\left(-\dfrac{1}{3}\right)\right\}=\dfrac{4\sqrt{3}}{9}$

また,
$$\tan\theta+\frac{1}{\tan\theta}=\frac{\sin\theta}{\cos\theta}+\frac{\cos\theta}{\sin\theta}$$

$$=\frac{\sin^2\theta+\cos^2\theta}{\sin\theta\cos\theta}=\frac{1}{\sin\theta\cos\theta}=-3$$

135 考え方

余弦定理を用いれば $\cos A$ が求められる.また,内接円の半径は,三角形の面積に結びつけて求める.

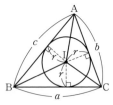

上の図で,

$\triangle ABC=\triangle IBC+\triangle ICA+\triangle IAB$
$$=\frac{1}{2}ar+\frac{1}{2}br+\frac{1}{2}cr$$

$$=\frac{1}{2}(a+b+c)r$$

となる.これから r を求めることができる.

解答

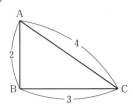

余弦定理により,
$$\cos A=\frac{2^2+4^2-3^2}{2\cdot2\cdot4}=\frac{11}{16}$$

$0°<A<180°$ より,$\sin A>0$ であるから,
$$\sin A=\sqrt{1-\cos^2A}=\sqrt{1-\left(\frac{11}{16}\right)^2}$$

$$=\frac{3\sqrt{15}}{16}$$

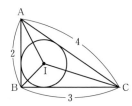

次に,内心を I,内接円の半径を r とすると,

$\triangle ABC=\triangle IBC+\triangle ICA+\triangle IAB$
$$=\frac{1}{2}(3+4+2)r=\frac{9}{2}r$$

また,

$$\triangle ABC=\frac{1}{2}AB\cdot AC\cdot\sin A$$

$$=\frac{1}{2}\cdot2\cdot4\cdot\frac{3\sqrt{15}}{16}=\frac{3\sqrt{15}}{4}$$

であるから,
$$\frac{9}{2}r=\frac{3\sqrt{15}}{4}$$

よって,
$$r=\frac{\sqrt{15}}{6}$$

136 考え方

正弦定理,余弦定理を用いるのだが,

$\sin 75°$ の値が必要となる．加法定理を用いれば，
$$\sin(30°+45°)$$
として求められるが，数 I の範囲で求めるには，3 つの角が $75°$，$15°$，$90°$ の三角形をつくるとよい．

解答

$\angle C = 180° - 60° - 45° = 75°$ である．
$BC = a$，$AC = b$ とおく．また，$\triangle ABC$ の外接円の半径を R とおく．

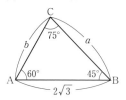

正弦定理により，
$$\frac{a}{\sin 60°} = \frac{2\sqrt{3}}{\sin 75°} = 2R \qquad \cdots ①$$
である．ここで $\sin 75°$ を求めるために，次の図を考える．

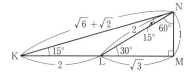

この図で，
$$KN^2 = KM^2 + MN^2 = (2+\sqrt{3})^2 + 1^2$$
$$= 8 + 4\sqrt{3}$$
ゆえに，
$$KN = \sqrt{8+4\sqrt{3}} = \sqrt{8+2\sqrt{12}}$$
$$= \sqrt{\left(\sqrt{6}+\sqrt{2}\right)^2} = \sqrt{6}+\sqrt{2}$$
よって，
$$\sin 75° = \frac{KM}{KN} = \frac{2+\sqrt{3}}{\sqrt{6}+\sqrt{2}} = \frac{\sqrt{6}+\sqrt{2}}{4}$$
これと ① より，
$$a = \frac{2\sqrt{3}\sin 60°}{\sin 75°} = 2\sqrt{3}\cdot\frac{\sqrt{3}}{2}\cdot\frac{4}{\sqrt{6}+\sqrt{2}}$$
$$= 3\left(\sqrt{6}-\sqrt{2}\right)$$
$$R = \frac{\sqrt{3}}{\sin 75°} = \sqrt{3}\cdot\frac{4}{\sqrt{6}+\sqrt{2}}$$

$$= \sqrt{3}\left(\sqrt{6}-\sqrt{2}\right)$$
$$= 3\sqrt{2}-\sqrt{6}$$
また，
$$\triangle ABC = \frac{1}{2}AB\cdot BC\cdot\sin B$$
$$= \frac{1}{2}\cdot 2\sqrt{3}\cdot 3\left(\sqrt{6}-\sqrt{2}\right)\cdot\frac{\sqrt{2}}{2}$$
$$= 9 - 3\sqrt{3}$$
以上をまとめると，
$$\begin{cases} BC \text{ の長さは } \mathbf{3\left(\sqrt{6}-\sqrt{2}\right)} \\ \triangle ABC \text{ の面積は } \mathbf{9-3\sqrt{3}} \\ \text{外心と B の距離}(R) \text{は } \mathbf{3\sqrt{2}-\sqrt{6}} \end{cases}$$

［注］　数 I の範囲外になるが，加法定理
$$\sin(\alpha+\beta) = \sin\alpha\cos\beta + \cos\alpha\sin\beta$$
を用いれば，$\sin 75°$ は，次のようにして求めることができる．
$$\sin 75° = \sin(30°+45°)$$
$$= \sin 30°\cos 45° + \cos 30°\sin 45°$$
$$= \frac{1}{2}\cdot\frac{\sqrt{2}}{2} + \frac{\sqrt{3}}{2}\cdot\frac{\sqrt{2}}{2}$$
$$= \frac{\sqrt{6}+\sqrt{2}}{4}$$

137 考え方

与式を $\sin^2\theta + \cos^2\theta = 1$ と連立する．$90° < \theta < 180°$ という条件は $\cos\theta < 0$ ということだから，まず $\cos\theta$ を求める．

解答

$\sin^2\theta + \cos^2\theta = 1$ はつねに成立するから，
$$\begin{cases} \sin\theta + \cos\theta = \dfrac{1}{\sqrt{2}} & \cdots ① \\ \sin^2\theta + \cos^2\theta = 1 & \cdots ② \\ 90° < \theta < 180° & \cdots ③ \end{cases}$$
である．条件 ③ より，
$$\cos\theta < 0 \qquad \cdots ③'$$
である．① から
$$\sin\theta = \frac{1}{\sqrt{2}} - \cos\theta$$
であるので，② に代入すると，
$$\left(\frac{1}{\sqrt{2}} - \cos\theta\right)^2 + \cos^2\theta = 1$$

76

$$2\cos^2\theta - \sqrt{2}\cos\theta - \frac{1}{2} = 0$$
$$4\cos^2\theta - 2\sqrt{2}\cos\theta - 1 = 0$$
$$\cos\theta = \frac{\sqrt{2} \pm \sqrt{6}}{4}$$

③′ より,

$$\cos\theta = -\frac{\sqrt{6} - \sqrt{2}}{4}$$

ゆえに,

$$\sin\theta = \frac{1}{\sqrt{2}} - \cos\theta$$
$$= \frac{\sqrt{2}}{2} + \frac{\sqrt{6} - \sqrt{2}}{4}$$
$$= \frac{\sqrt{6} + \sqrt{2}}{4}$$

よって,

$$\sin\theta = \frac{\sqrt{6} + \sqrt{2}}{4}, \ \cos\theta = -\frac{\sqrt{6} - \sqrt{2}}{4}$$

138 【考え方】

(1)と(2)は別々にせずに, まとめて解く.
線分 BD を引き, △ABD と △BCD をつくって, 正弦定理, 余弦定理の利用を考える.

【解答】

(1), (2) 下の図のように線分 BD を引き, △ABD と △BCD をつくる. ∠A=θ とおくと, 四角形 ABCD が円に内接することから,

$$\angle A + \angle C = 180°$$
$$\angle C = 180° - \theta$$

また, BD=x とおく.

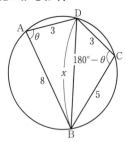

△ABD に余弦定理を適用すると,
$$x^2 = 3^2 + 8^2 - 2\cdot3\cdot8\cos\theta$$
$$x^2 = 73 - 48\cos\theta \qquad \cdots①$$

△BCD に余弦定理を適用すると,
$$x^2 = 3^2 + 5^2 - 2\cdot3\cdot5\cos(180° - \theta)$$
$\cos(180° - \theta) = -\cos\theta$ であるから,
$$x^2 = 34 + 30\cos\theta \qquad \cdots②$$
①−② より,
$$0 = 39 - 78\cos\theta$$
$$\cos\theta = \frac{1}{2}$$
$$\theta = 60°$$
これを ② に代入すると,
$$x^2 = 34 + 30\times\frac{1}{2} = 49$$
$$x = 7$$
よって,
$$\angle A = \mathbf{60°}, \ BD = \mathbf{7}$$

(3) △ABD に正弦定理を適用すると,
$$\frac{x}{\sin\theta} = 2R$$

$x=7$, $\theta=60°$ を代入すると,
$$2R = \frac{7}{\sin 60°} = 7\times\frac{2}{\sqrt{3}} = \frac{14}{\sqrt{3}}$$

よって,

$$R = \frac{7}{\sqrt{3}}$$

139 【考え方】

余弦定理を用いて, a, b, c だけの関係式をつくる.

【解答】

(1) 余弦定理から,

$$\begin{cases} \cos A = \dfrac{b^2 + c^2 - a^2}{2bc} \\ \cos B = \dfrac{a^2 + c^2 - b^2}{2ac} \end{cases}$$

である. この2式を関係式
$$a\cos A = b\cos B$$
に代入すると,
$$a\cdot\frac{b^2 + c^2 - a^2}{2bc} = b\cdot\frac{a^2 + c^2 - b^2}{2ac}$$
両辺に $2abc$ を掛けると,
$$a^2(b^2 + c^2 - a^2) = b^2(a^2 + c^2 - b^2)$$
$$a^2c^2 - a^4 = b^2c^2 - b^4$$

$$(a^2-b^2)c^2-(a^4-b^4)=0$$
$$(a^2-b^2)c^2-(a^2-b^2)(a^2+b^2)=0$$
$$(a^2-b^2)(c^2-a^2-b^2)=0$$
$$a^2-b^2=0 \text{ または } c^2-a^2-b^2=0$$
$$a=b \text{ または } a^2+b^2=c^2$$

となる．よって，

　　三角形 ABC は，**$a=b$ の二等辺三角形，**
　　または，∠C＝90° の直角三角形．

(2)　$a=1$, $b=\sqrt{3}$ より，$a\neq b$

したがって，(1)から，△ABC は ∠C＝90°
の直角三角形である．

$$c^2=a^2+b^2=1+3=4$$
$$c=2$$

よって，

$$\cos A=\frac{b}{c}=\frac{\sqrt{3}}{2}$$

ゆえに，

$$A=30°$$

17　図形の計量

140　考え方

　正の数 a, b, c を 3 辺の長さとする三角
形が存在するための条件は，三角不等式

$$a+b>c, \ a+c>b, \ b+c>a$$

で表される．まとめて，

$$|a-b|<c<a+b$$

と表すこともできる．

解答

まず，3 辺の長さは正であるから，

$$a>0, \ a-1>0, \ 50-a>0$$

すなわち，

$$1<a<50 \qquad \cdots①$$

である．このとき，a, $a-1$, $50-a$ を 3
辺とする三角形がつくれるのは，三角不等式

$$\begin{cases} a+(a-1)>50-a \\ a+(50-a)>a-1 \\ (a-1)+(50-a)>a \end{cases}$$

が成り立つときである．これを解くと，順に

$$a>17, \ a<51, \ a<49$$

となるから，① との共通部分をとれば，

$17<a<49$

を得る．これが，三角形をつくることができ
る a の範囲である．

次に，直角三角形になるときの a の値を求
める．$a>a-1$ であるから，斜辺になり得
るのは a, $50-a$ のいずれかである．a が斜
辺のとき，ピタゴラスの定理から，

$$a^2=(a-1)^2+(50-a)^2$$
$$a^2-102a+2501=0$$
$$a=51\pm\sqrt{51^2-2501}$$
$$=51\pm\sqrt{100}$$
$$=51\pm10$$
$$=61, \ 41$$

となる．このうち，① をみたすものは，

$$a=41$$

である．
$50-a$ が斜辺のときも同様に，

$$(50-a)^2=a^2+(a-1)^2$$
$$a^2+98a-2499=0$$
$$a=-49\pm\sqrt{49^2+2499}$$
$$=-49\pm\sqrt{4900}$$
$$=-49\pm70$$
$$=21, \ -119$$

となる．このうち，① をみたすものは，

$$a=21$$

である．
以上から，直角三角形になるときの a の値
は，

$a=21, \ 41$

141　考え方

(2)　三角形の面積を，AP の長さを用いて表
すことを考えてみる．

解答

(1)

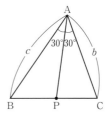

$$\triangle ABC=\frac{1}{2}AB\cdot AC\sin\angle BAC$$

$$= \frac{1}{2} cb \sin 60°$$

$$= \frac{1}{2} cb \cdot \frac{\sqrt{3}}{2} = \frac{\sqrt{3}}{4} bc$$

(2) $AP = x$ とおく.

$$\triangle ABP = \frac{1}{2} cx \sin 30° = \frac{1}{4} cx$$

$$\triangle ACP = \frac{1}{2} bx \sin 30° = \frac{1}{4} bx$$

よって,

$$\triangle ABC = \triangle ABP + \triangle ACP$$

$$= \frac{1}{4} (b + c) x.$$

(1)の結果と結びつけると,

$$\frac{1}{4} (b + c) x = \frac{\sqrt{3}}{4} bc$$

よって,

$$x = \frac{\sqrt{3}\, bc}{b + c}$$

142 考え方

余弦定理を用いる. 内接円の半径は, 三角形の面積を2通りに表すことで求められる.

解答

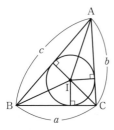

$BC = a$, $CA = b$, $AB = c$ とおく.
$a = 4$, $b = 4$, $c = 6$ である.
まず, 余弦定理により

$$\cos A = \frac{b^2 + c^2 - a^2}{2bc}$$

$$= \frac{16 + 36 - 16}{2 \cdot 4 \cdot 6}$$

$$= \frac{3}{4}$$

これから

$$\sin A = \sqrt{1 - \cos^2 A} = \sqrt{1 - \frac{9}{16}} = \frac{\sqrt{7}}{4}$$

なので,

$$S = \frac{1}{2} bc \sin A = \frac{1}{2} \cdot 4 \cdot 6 \cdot \frac{\sqrt{7}}{4}$$

$$= 3\sqrt{7}$$

また, 内接円の中心を I とおくと,

$$S = \triangle IBC + \triangle ICA + \triangle IAB$$

$$= \frac{1}{2} ar + \frac{1}{2} br + \frac{1}{2} cr$$

$$= \frac{1}{2} (a + b + c) r$$

$$= \frac{1}{2} (4 + 4 + 6) r$$

$$= 7r$$

となる. よって,

$$7r = 3\sqrt{7}$$

$$r = \frac{3\sqrt{7}}{7}$$

143 考え方

(1) これは**ヘロンの公式**と呼ばれる有名な式であるが, 「公式により」では示したことにならない. より基本的な「公式」に帰着させることを考える.

(2) $\cos\theta$ は, 余弦定理により a, b, c で表すことができる. これと

$$\sin^2\theta = 1 - \cos^2\theta$$

を組み合わせるとよい.

解答

(1) 頂点 C から辺 AB あるいはその延長上に垂線 CH を下ろす.
すると,

$$CH = AC \sin\theta$$

$$= b \sin\theta$$

となる. よって,

$$S = \frac{1}{2} AB \cdot CH = \frac{1}{2} cb \sin\theta$$

$$= \frac{1}{2} bc \sin\theta$$

(2) (1)の結果より

$$S^2 = \frac{1}{4} b^2 c^2 \sin^2\theta$$

$$= \frac{1}{4} b^2 c^2 (1 - \cos^2\theta)$$

一方，余弦定理により
$$\cos\theta = \frac{b^2+c^2-a^2}{2bc}$$
である．これを上の式に代入すると，
$$S^2 = \frac{1}{4}b^2c^2\left\{1-\left(\frac{b^2+c^2-a^2}{2bc}\right)^2\right\}$$
$$= \frac{1}{4}\left\{(bc)^2-\left(\frac{b^2+c^2-a^2}{2}\right)^2\right\}$$
$$= \frac{1}{4}\left(bc+\frac{b^2+c^2-a^2}{2}\right)\left(bc-\frac{b^2+c^2-a^2}{2}\right)$$
$$= \frac{1}{4}\cdot\frac{2bc+b^2+c^2-a^2}{2}\cdot\frac{2bc-b^2-c^2+a^2}{2}$$
$$= \frac{1}{4}\cdot\frac{(b+c)^2-a^2}{2}\cdot\frac{a^2-(b-c)^2}{2}$$
$$= \frac{1}{4}\cdot\frac{(b+c+a)(b+c-a)}{2}\cdot\frac{(a+b-c)(a-b+c)}{2}$$
となる．
ここで $a+b+c=2l$ を代入する．
$$b+c-a=(a+b+c)-2a=2l-2a$$
などとなるから，
$$S^2 = \frac{1}{4}\cdot\frac{2l(2l-2a)}{2}\cdot\frac{(2l-2c)(2l-2b)}{2}$$
$$= l(l-a)(l-c)(l-b)$$
$$= l(l-a)(l-b)(l-c)$$
となる．

144　考え方
平面 OMC での断面を考えて，平面図形の問題に帰着させる．

解答

[解答Ⅰ]

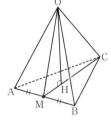

O から平面 ABC に垂線 OH を下ろすと，
$$AH = BH = CH = \sqrt{a^2-OH^2}$$
なので，H は正三角形 ABC の外心となり，これは正三角形 ABC の重心とも一致する．

よって，H は MC 上にあり，
$$MH = \frac{1}{3}MC$$
である．$\angle OMA = 90°$ なので，
$$OM = \sqrt{OA^2-AM^2}$$
$$= \sqrt{a^2-\left(\frac{a}{2}\right)^2}$$
$$= \frac{\sqrt{3}}{2}a$$
同様に $MC = \frac{\sqrt{3}}{2}a$ だから，
$$MH = \frac{1}{3}\times\frac{\sqrt{3}}{2}a = \frac{\sqrt{3}}{6}a$$
よって，$\triangle OMH$ にピタゴラスの定理（三平方の定理）を適用すると，
$$OH = \sqrt{OM^2-MH^2}$$
$$= \sqrt{\frac{3}{4}a^2-\frac{1}{12}a^2}$$
$$= \sqrt{\frac{2}{3}}a$$
よって，
$$\sin\angle OMC = \frac{OH}{OM} = \frac{2\sqrt{2}}{3}$$

[解答Ⅱ]　$OM = MC = \frac{\sqrt{3}}{2}a$ であるから，$\triangle OMC$ に余弦定理を適用すれば，
$$\cos\angle OMC = \frac{OM^2+MC^2-OC^2}{2OM\cdot MC}$$
$$= \frac{\frac{3}{4}a^2+\frac{3}{4}a^2-a^2}{2\cdot\frac{\sqrt{3}}{2}a\cdot\frac{\sqrt{3}}{2}a}$$
$$= \frac{1}{3}$$
よって，
$$\sin\angle OMC = \sqrt{1-(\cos\angle OMC)^2}$$
$$= \frac{2\sqrt{2}}{3}$$

145 （解答）

(1)

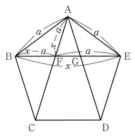

正五角形の内角の和は，

$$180° \times 3$$

である．

（正五角形は $\triangle ABC$, $\triangle ACD$, $\triangle ADE$ の
3個の三角形に分割できるから）

そして，5つの内角はすべて等しいから，

$$\angle BAE = \frac{180° \times 3}{5} = 108°$$

である．$\triangle ABE$ は頂角 $108°$ の二等辺三角形
であるから，底角は，

$$\angle ABE = \frac{180° - 108°}{2} = 36°$$

である．同様に，二等辺三角形 BAC と
EAD を考えると，

$$\angle BAC = 36°, \quad \angle EAD = 36°$$

である．よって，

$$\angle FAG = \angle BAE - \angle BAF - \angle GAE$$
$$= 108° - 36° - 36° = 36°$$

(2) $\triangle ABE$ と $\triangle FAB$ はいずれも底角が
$36°$ の二等辺三角形であるから，相似である．
また，$\angle EAF = \angle EFA = 72°$ であるから，
$\triangle EAF$ は二等辺三角形である．以上から，

$$FE = AE = a$$
$$BF = x - a$$

となる．$\triangle ABE$ と $\triangle FAB$ が相似であるこ
とから，

$$AE : BE = FB : AB$$
$$a : x = (x - a) : a$$
$$x(x - a) = a^2$$
$$x^2 - ax - a^2 = 0$$

これが求める2次方程式である．

(3) この2次方程式を解けば，

$$x = \frac{a \pm \sqrt{a^2 + 4a^2}}{2} = \frac{1 \pm \sqrt{5}}{2}a$$

$x > 0$ であるから，

$$x = \frac{1 + \sqrt{5}}{2}a$$

146 （考え方）

角の二等分線の基本的
な性質として，右の図で

$$AB : AC = BD : CD$$

がある．これを利用する．

（解答）

AD は $\angle BAC$ の二等分線であるから，

$$AB : AC = BD : CD = 3 : 2$$

よって，

$$AB = 3k, \quad AC = 2k \quad (k > 0)$$

とおける．

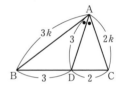

$\triangle ABD$ で余弦定理を適用すると，

$$3^2 = (3k)^2 + 3^2 - 2 \cdot 3k \cdot 3 \cdot \cos B$$
$$\cos B = \frac{k}{2} \qquad \cdots ①$$

同様に，$\triangle ABC$ で余弦定理を適用して，

$$(2k)^2 = (3k)^2 + 5^2 - 2 \cdot 3k \cdot 5 \cdot \cos B$$
$$6k \cos B = k^2 + 5 \qquad \cdots ②$$

① を ② に代入して，

$$6k \cdot \frac{k}{2} = k^2 + 5$$

$k > 0$ であるから，

$$k = \frac{\sqrt{10}}{2}$$

これを ① に代入すると，

$$\cos B = \frac{\sqrt{10}}{4}$$

次に，

$$\sin B = \sqrt{1 - \cos^2 B} = \frac{\sqrt{6}}{4}$$

$$AB = 3k = \frac{3\sqrt{10}}{2}$$

より，
$$\triangle ABC = \frac{1}{2} AB \cdot BC \cdot \sin B$$
$$= \frac{1}{2} \cdot \frac{3\sqrt{10}}{2} \cdot 5 \cdot \frac{\sqrt{6}}{4}$$
$$= \frac{15\sqrt{15}}{8}$$

147 解答

(1)

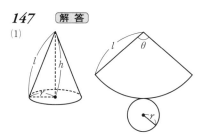

図のように円錐の展開図を考え，側面の展開図である扇形の半径（つまり円錐の母線）をl，中心角をθとする（角は弧度法で測るものとする）．

扇形の弧長$l\theta$は底面の円周$2\pi r$と等しいので，
$$l\theta = 2\pi r$$
$$\theta = \frac{2\pi r}{l} \qquad \cdots ①$$

扇形の面積をS_1とする．S_1は半径lの円の面積の$\dfrac{\theta}{2\pi}$倍であるから，①により
$$S_1 = \pi l^2 \cdot \frac{\theta}{2\pi} = \pi l^2 \cdot \frac{r}{l}$$
$$= \pi l r$$

また，底面の円の面積S_2は
$$S_2 = \pi r^2$$

$S_1 + S_2 = A$ であるから，
$$\pi l r + \pi r^2 = A$$
$$l = \frac{A}{\pi r} - r \qquad \cdots ②$$

一方，ピタゴラスの定理によりlはhとrを用いて
$$l^2 = h^2 + r^2$$
とも表される．これに②を代入すると，
$$\left(\frac{A}{\pi r} - r \right)^2 = h^2 + r^2$$

$$\frac{A^2}{\pi^2 r^2} - \frac{2A}{\pi} + r^2 = h^2 + r^2$$
$$h^2 = \frac{A^2}{\pi^2 r^2} - \frac{2A}{\pi}$$
$$h = \sqrt{\frac{A^2}{\pi^2 r^2} - \frac{2A}{\pi}}$$

となる．

(2) 円錐の体積Vは底面積πr^2に高さhを掛けて3で割ればよいから，
$$V = \frac{1}{3} \pi r^2 h$$
$$= \frac{1}{3} \pi r^2 \sqrt{\frac{A^2}{\pi^2 r^2} - \frac{2A}{\pi}}$$
$$= \frac{1}{3} \sqrt{A^2 r^2 - 2\pi A r^4}$$

となる．根号の中はr^2の2次関数であるから，r^2について平方完成すれば，
$$V = \frac{1}{3} \sqrt{\frac{A^3}{8\pi} - 2\pi A \left(r^2 - \frac{A}{4\pi} \right)^2}$$

となる．

よって，$r = \sqrt{\dfrac{A}{4\pi}}$ のときにVは最大値
$$\frac{1}{3} \sqrt{\frac{A^3}{8\pi}}$$

をとる．

148 解答

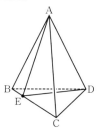

(1) BE : EC = 1 : 3 より
$$BE = \frac{1}{4} BC = \frac{1}{2}$$

である．

まず DE の長さを求める．

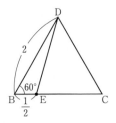

△BCD は正三角形であるから，
$$\angle DBE = 60°$$
よって，△BDE で余弦定理を用いると，
$$DE^2 = BD^2 + BE^2 - 2BD \cdot BE \cos 60°$$
$$= 4 + \frac{1}{4} - 2 \cdot 2 \cdot \frac{1}{2} \cdot \frac{1}{2}$$
$$= \frac{13}{4}$$
よって，
$$DE = \frac{\sqrt{13}}{2}$$
次に AE の長さを求める．

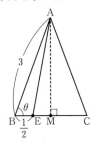

二等辺三角形 ABC において，辺 BC の中点を M とすれば，AM⊥BC であるから，
$$\angle ABC = \theta$$
とおくと，
$$\cos \theta = \frac{BM}{AB} = \frac{1}{3}$$
そこで，△ABE に余弦定理を適用する．
$$AE^2 = BA^2 + BE^2 - 2BA \cdot BE \cos \theta$$
$$= 9 + \frac{1}{4} - 2 \cdot 3 \cdot \frac{1}{2} \cdot \frac{1}{3}$$
$$= \frac{33}{4}$$
よって，
$$AE = \frac{\sqrt{33}}{2}$$

(2)

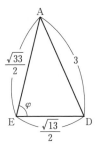

△ADE において ∠AED＝φ とおく．（どの角を φ とおいてやっても大差ない．）
余弦定理から，
$$\cos \varphi = \frac{AE^2 + DE^2 - AD^2}{2AE \cdot DE}$$
$$= \frac{\frac{33}{4} + \frac{13}{4} - 9}{2 \cdot \frac{\sqrt{33}}{2} \cdot \frac{\sqrt{13}}{2}}$$
$$= \frac{5}{\sqrt{13} \cdot \sqrt{33}}$$
$$\sin \varphi = \sqrt{1 - \cos^2 \varphi}$$
$$= \sqrt{1 - \frac{25}{13 \cdot 33}}$$
$$= \frac{2\sqrt{101}}{\sqrt{13} \cdot \sqrt{33}}$$
よって，
$$\triangle ADE = \frac{1}{2} AE \cdot DE \cdot \sin \varphi$$
$$= \frac{1}{2} \cdot \frac{\sqrt{33}}{2} \cdot \frac{\sqrt{13}}{2} \cdot \frac{2\sqrt{101}}{\sqrt{13} \cdot \sqrt{33}}$$
$$= \frac{\sqrt{101}}{4}$$

第6章　平面図形

18　三角形

149　解答

A から直線 BC に垂線 AH を下ろし,
$$AH=h,\ AM=x,\ MH=y$$
とおく.

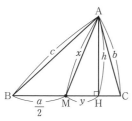

M は辺 BC の中点であるから,
$$BM=\frac{a}{2}$$
である.
$\triangle ABH$ にピタゴラスの定理（三平方の定理）を適用すると,
$$c^2=h^2+\left(y+\frac{a}{2}\right)^2$$
$$=h^2+y^2+ay+\frac{a^2}{4}\quad\cdots①$$
$\triangle AMH$ にピタゴラスの定理を適用すると,
$$x^2=h^2+y^2\quad\cdots②$$
①, ② から
$$c^2=x^2+ay+\frac{1}{4}a^2\quad\cdots③$$
同様に, $\triangle ACH$ にピタゴラスの定理を適用すると,
$$b^2=h^2+\left(\frac{a}{2}-y\right)^2$$
$$=h^2+y^2-ay+\frac{a^2}{4}$$
$$=x^2-ay+\frac{1}{4}a^2\quad\cdots④$$
③と④を辺々加えると,
$$c^2+b^2=2x^2+\frac{1}{2}a^2$$
これを変形すると,
$$2x^2=b^2+c^2-\frac{1}{2}a^2$$

$$x^2=\frac{1}{2}(b^2+c^2)-\frac{1}{4}a^2$$

よって,
$$x=\sqrt{\frac{1}{2}(b^2+c^2)-\frac{1}{4}a^2}$$
$$=\sqrt{\frac{1}{4}\{2(b^2+c^2)-a^2\}}$$
$$=\frac{1}{2}\sqrt{2(b^2+c^2)-a^2}$$
である.

150　解答

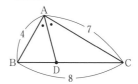

AD は $\angle A$ の二等分線であるから,
$$BD:DC=AB:AC=4:7$$
つまり, D は線分 BC を $4:7$ に内分する点である. よって,
$$BD=8\times\frac{4}{11}=\frac{32}{11}$$

151　考え方

チェバの定理を利用する.

解答

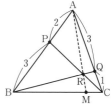

$\triangle ABC$ と点 R に対してチェバの定理を適用すると,
$$\frac{AP}{PB}\cdot\frac{BM}{MC}\cdot\frac{CQ}{QA}=1$$
すなわち,
$$\frac{2}{3}\cdot\frac{BM}{MC}\cdot\frac{1}{3}=1$$
である. よって,

$$\frac{BM}{MC}=\frac{9}{2}$$

$$BM:MC=9:2$$

152 解答

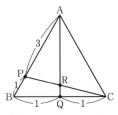

△ABQ と直線 PC に対してメネラウスの定理を適用する.

$$\frac{AP}{PB}\cdot\frac{BC}{CQ}\cdot\frac{QR}{RA}=1$$

すなわち

$$\frac{3}{1}\cdot\frac{2}{1}\cdot\frac{QR}{RA}=1$$

である. よって,

$$\frac{QR}{RA}=\frac{1}{6}$$

$$QR:RA=1:6$$

△ABQ と △ABR において, 辺 AQ, AR を底辺とみると, この2つの三角形の高さは共通なので,

$$\frac{\triangle ABR}{\triangle ABQ}=\frac{AR}{AQ}$$

$$=\frac{6}{7}$$

△ABQ の面積は,

$$\triangle ABQ=\frac{1}{2}\cdot1\cdot\sqrt{3}$$

$$=\frac{1}{2}\sqrt{3}$$

なので, △ABR の面積は,

$$\triangle ABR=\triangle ABQ\times\frac{6}{7}$$

$$=\frac{1}{2}\sqrt{3}\times\frac{6}{7}$$

$$=\frac{3}{7}\sqrt{3}$$

となる.

153 解答

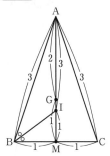

△ABC は AB＝AC の二等辺三角形であるから, 辺 BC の中点を M とすれば,

$$AM\perp BC$$

である. また, AM は ∠A の二等分線でもある. よって, 重心 G と内心 I はともに AM 上にある.

G は重心であるから,

$$AG:GM=2:1$$

よって,

$$GM=\frac{1}{3}AM$$

である. また, I が内心であることから BI は ∠B の二等分線であるから,

$$AI:IM=AB:BM=3:1$$

ゆえに,

$$IM=\frac{1}{4}AM$$

である.

以上から

$$GI=GM-IM$$

$$=\frac{1}{3}AM-\frac{1}{4}AM$$

$$=\frac{1}{12}AM$$

である. ここで, ピタゴラスの定理から,

$$AM=\sqrt{3^2-1^2}=2\sqrt{2}$$

である. よって,

$$GI=\frac{1}{12}\times2\sqrt{2}$$

$$=\frac{\sqrt{2}}{6}$$

154　解答

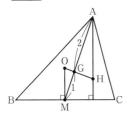

まず，重心 G は 3 中線の交点であるから，線分 AM 上にあり，

$$AG:GM=2:1$$

である．
次に，外心 O は 3 辺の垂直二等分線の交点であるから，

$$OM\perp BC$$

である．これと

$$AH\perp BC$$

から，

$$AH/\!/OM$$

となる．よって，平行な 2 直線 AH，OM に関して，錯角が等しいことから，

$$\angle OMA=\angle MAH,\ \angle MOH=\angle OHA$$

が成り立ち，

$$\triangle GOM\infty\triangle GHA$$

となる．
したがって，

$$AH:OM=AG:GM$$
$$=2:1$$

である．

155　解答

[解答 I]

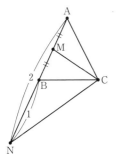

AB=AC と M が AB の中点であることから，

$$AM:AC=1:2$$

である．また，AN=2AB=2AC より，

$$AC:AN=1:2$$

である．よって，△AMC と △ACN は 1 つの角を共通にもち，この角をはさむ 2 辺の比が等しいので，

$$\triangle AMC\infty\triangle ACN$$

である．これから，

$$CM:CN=1:2$$

となる．
一方，AB=BN と M が AB の中点であることから，

$$MB:BN=1:2$$

である．よって，

$$CM:CN=MB:BN$$

が成り立つから，角の二等分線の性質によって，線分 CB は ∠MCN の二等分線である．
ゆえに，

$$\angle BCM=\angle BCN$$

である．
[解答 II]
AM=a とおけば，

$$AB=AC=2a,\ AN=4a$$

である．
∠BAC=θ とおいて，△ACM に余弦定理を適用すると，

$$CM^2=(2a)^2+a^2-2\cdot 2a\cdot a\cdot\cos\theta$$
$$=(5-4\cos\theta)a^2$$

同様に，△ACN に余弦定理を適用して，

$$CN^2=(4a)^2+(2a)^2-2\cdot 4a\cdot 2a\cdot\cos\theta$$
$$=4(5-4\cos\theta)a^2$$

よって，

$$CM=a\sqrt{5-4\cos\theta}$$
$$CN=2a\sqrt{5-4\cos\theta}$$

となり，

$$CM:CN=1:2=MB:BN$$

が成り立つ．
したがって，線分 CB は ∠MCN の二等分線である．

156 解答

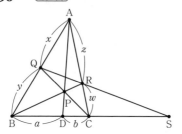

$$BD=a, \quad DC=b, \quad AQ=x,$$
$$QB=y, \quad AR=z, \quad RC=w$$

とおく.

△ABC でチェバの定理を適用する. AD,
BR, CQ が1点Pで交わっているから,

$$\frac{BD}{DC} \cdot \frac{CR}{RA} \cdot \frac{AQ}{QB}=1$$

よって,

$$\frac{a}{b} \cdot \frac{w}{z} \cdot \frac{x}{y}=1 \qquad \cdots ①$$

である.

(1) 背理法で示す.

D が BC の中点でないとき, QR と BC が交わらないとすれば,

$$QR \, /\!/ \, BC$$

であるから,

$$x:y=z:w$$

つまり

$$xw=yz$$

である.

これを ① に代入すれば,

$$a=b$$

となる. つまり, D は BC の中点になる.
これは D が BC の中点ではないという仮定に反する. よって, QR と BC は交わる.

(2) △ABC でメネラウスの定理を適用する.
BC, CA, AB 上の3点S, R, Q が一直線上にあるから,

$$\frac{BS}{SC} \cdot \frac{CR}{RA} \cdot \frac{AQ}{QB}=1$$

よって,

$$\frac{BS}{SC} \cdot \frac{w}{z} \cdot \frac{x}{y}=1 \qquad \cdots ②$$

①, ② より

$$\frac{BS}{SC}=\frac{a}{b}$$

よって,

$$BS:SC=a:b$$

つまり, S は BC を $a:b$ に外分する点であり, P が変化しても S は変化しない.

157 解答

BC=a, CA=b, AB=c とおく.
AP は ∠A の外角の二等分線なので,

$$\frac{BP}{PC}=\frac{AB}{AC}=\frac{c}{b}$$

また, BQ, CR はそれぞれ∠B, ∠C の二等分線なので,

$$\frac{CQ}{QA}=\frac{BC}{BA}=\frac{a}{c}$$

$$\frac{AR}{RB}=\frac{CA}{CB}=\frac{b}{a}$$

以上の3式を辺々掛けると,

$$\frac{BP}{PC} \cdot \frac{CQ}{QA} \cdot \frac{AR}{RB}=\frac{c}{b} \cdot \frac{a}{c} \cdot \frac{b}{a}=1$$

となる.
ゆえに, 「メネラウスの定理の逆」によって,
3点P, Q, R は一直線上にある.

19 円

158 考え方

円周角の定理などを利用して,

$$△BHD \equiv △BED$$

を示す.

解答

△BHD と △BED が合同であることを示す.
まず, 円弧 EC に対する円周角を考えると,

$$\angle EBC=\angle EAC$$

次に, 直線 BH と辺 AC の交点を F として,
2つの直角三角形 BHD, AHF を考える.
対頂角が等しいことから

$$\angle BHD=\angle AHF$$

であるから,

$$\angle HBD=\angle HAF$$

となる. 以上から,

∠HBD＝∠EBD

である.

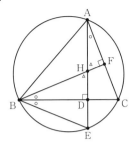

これと,

∠HDB＝∠EDB（＝90°）

および, 辺BDが共通であることから,
△BHDと△BEDは二角夾辺（一辺とその
両端の角）が等しいことがわかる. よって,

△BHD≡△BED

である. したがって,

HD＝ED

である.

159　解答

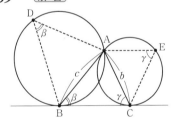

△ABCの3辺を

BC＝a, CA＝b, AB＝c

内角を

∠A＝α, ∠B＝β, ∠C＝γ

とおく. 図のように, 円C_1, C_2上に点D,
Eをとると, 接弦定理によって,

∠ADB＝∠ABC＝β,
∠AEC＝∠ACB＝γ

が成り立つ. よって, △ABDと△ACEに
それぞれ正弦定理を適用すれば,

$$\frac{c}{\sin\beta}=2p, \quad \frac{b}{\sin\gamma}=2q \quad \cdots①$$

となる. 一方, △ABCに正弦定理を適用す

れば,

$$2R=\frac{b}{\sin\beta}=\frac{c}{\sin\gamma} \quad \cdots②$$

である.

①, ②から, b, c, β, γを消去すればよい.
対称性を考えて, ①の2式の積をつくって
みると次のようにうまく消去される.

$$\begin{aligned}
2p\cdot2q &=\frac{c}{\sin\beta}\cdot\frac{b}{\sin\gamma}\\
&=\frac{bc}{\sin\beta\sin\gamma}\\
&=\frac{b}{\sin\beta}\cdot\frac{c}{\sin\gamma}\\
&=2R\cdot2R
\end{aligned}$$

よって,

$$4pq=4R^2$$
$$\boldsymbol{R=\sqrt{pq}}$$

である.

160　解答

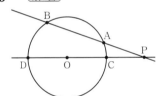

直線OPと円の交点を図のようにC, Dと
すると,

PC＝PO－r, PD＝PO＋r

である. 方べきの定理を用いれば,

$$\begin{aligned}
PA\cdot PB &=PC\cdot PD\\
&=(PO-r)(PO+r)\\
&=PO^2-r^2
\end{aligned}$$

となる. これで証明された.

161　解答

(1)　次の図のようになる.

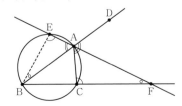

(2) 線分 AF は ∠CAD の二等分線であるから,
$$\angle CAF = \angle DAF$$
である. また, 対頂角が等しいことから,
$$\angle DAF = \angle EAB$$
である. よって,
$$\angle CAF = \angle EAB \qquad \cdots ①$$
が成り立つ. 次に, 四角形 AEBC は円 S に内接するから,
$$\angle ACF = \angle AEB \qquad \cdots ②$$
が成り立つ. ①, ② から △ACF と △AEB は対応する 2 つの角が等しいので, 相似である.

(3) (2) の結果から,
$$\angle AFC = \angle ABE$$
であるから, △AEB は △BEF とも相似である. よって,
$$AB : BF = EB : EF$$
$$AB \cdot EF = BF \cdot EB$$
となる.

162 解答

E を通って辺 AB に垂直な直線と辺 AB, 辺 CD との交点をそれぞれ F, G とする.

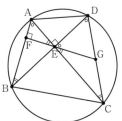

まず, △GDE が二等辺三角形であることを示す. 直角三角形 FAE において,
$$\angle FAE = \alpha, \quad \angle FEA = \beta$$
とおく.
$$\alpha + \beta = 90°$$
である. 弧 BC に関する円周角を考えると,
$$\angle BDC = \angle BAC = \alpha$$
である. また, 対頂角が等しいことから,
$$\angle GEC = \angle FEA = \beta$$
である. よって,

$$\angle GED = 90° - \angle GEC$$
$$= 90° - \beta = \alpha$$
である. 以上から,
$$\angle GDE = \angle GED = \alpha$$
であるから, △GDE は二等辺三角形, つまり,
$$GD = GE$$
が成り立つ.

次に, △GEC も二等辺三角形であることを示す. △ABE は直角三角形であるから,
$$\angle ABE = 90° - \angle BAE$$
$$= 90° - \alpha = \beta$$
である. 弧 AD に対する円周角を考えると,
$$\angle ACD = \angle ABD = \beta$$
となる.
$$\angle GEC = \beta$$
であったから,
$$\angle GEC = \angle GCE = \beta$$
であり, △GEC は
$$GE = GC$$
なる二等辺三角形となる.
以上から,
$$GD = GE = GC$$
が示された. よって, G は辺 CD の中点である.

163 解答

(1)

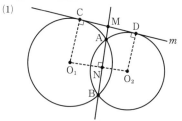

円 O_1 に方べきの定理を適用すると,
$$MA \cdot MB = MC^2$$
が成り立つ. 同様に, 円 O_2 に方べきの定理を適用すると,
$$MA \cdot MB = MD^2$$
となる. 以上の 2 式から,
$$MC^2 = MD^2$$

MC＝MD

である．よって，M は線分 CD の中点である．

(2) 2 円の共通接線 m は線分 O_1C，O_2D に直交するから，

$$\angle O_1CM = 90°，\angle O_2DM = 90°$$

である．

また，2 円の中心は共通弦である AB の垂直二等分線上にあるから，

$$O_1O_2 \perp AB$$

である．よって，O_1O_2 と AB との交点を N とすれば，

$$\angle O_1NM = 90°$$

である．したがって，もし，$\angle CMA = 90°$ であるならば，四角形 O_1NMC は長方形になり，

$$\angle CO_1N = 90°$$

となる．このことから，四角形 O_1O_2DC もまた長方形となる．よって，

$$O_1C = O_2D$$

である．つまり，2 つの円の半径は等しい．

164 解答

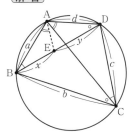

問題文に従って，BD 上に $\angle CAD = \angle BAE$ となる点 E をとる．

$$BE = x，ED = y$$

とおく．

まず，△ABE と △ACD が相似であることを示す．点 E の取り方から，

$$\angle BAE = \angle CAD$$

であり，弧 AD に対する円周角を考えると円周角の定理から，

$$\angle ABE = \angle ACD$$

である．よって，△ABE と △ACD は 2 つの角が等しいので，

$$\triangle ABE \backsim \triangle ACD \qquad \cdots ①$$

である．

次に，△ADE と △ACB も相似であることを示す．

$$\angle CAD = \angle BAE$$

から，両辺に共通の角 $\angle EAC$ を加えれば，

$$\angle EAD = \angle BAC$$

となる．弧 AB に対する円周角から，

$$\angle ADE = \angle ACB$$

であるから，△ADE と △ACB は 2 つの角が等しいので，

$$\triangle ADE \backsim \triangle ACB \qquad \cdots ②$$

である．

さて，① から，

$$a : AC = x : c$$

なので，

$$AC \cdot x = ac \qquad \cdots ③$$

が成り立つ．また，② から

$$d : AC = y : b$$

なので，

$$AC \cdot y = bd \qquad \cdots ④$$

が成り立つ．③ と ④ を辺々加えると，

$$AC(x + y) = ac + bd$$

となるが，$x + y = BD$ であるから，

$$AC \cdot BD = ac + bd$$

である．

165 解答

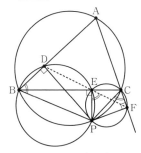

$\angle PEF + \angle PED = 180°$ を示す．

$\angle PEF = \alpha$，$\angle PED = \beta$ とおく．

まず，

$$\angle PEC = 90°, \quad \angle PFC = 90°$$

より，4点 P, F, C, E は PC を直径とする円周上にある．

よって，円周角の定理により

$$\angle PCF = \angle PEF = \alpha$$

となる．

次に，四角形 ABPC は円に内接しているから，

$$\angle ABP = \angle PCF = \alpha$$

最後に，

$$\angle BDP = 90°, \quad \angle BEP = 90°$$

より，4点 B, P, E, D は BP を直径とする円周上にある．つまり四角形 BPED は円に内接している．

よって，

$$\angle DBP + \angle PED = 180°$$

である．

$\angle DBP = \alpha$，$\angle PED = \beta$ なので，

$$\alpha + \beta = 180°$$

となる．

以上で，

$$\angle PEF + \angle PED = 180°$$

が示された．

したがって，3点 D, E, F は一直線上にある．

20 平面図形の種々の問題

166 解 答

(1)

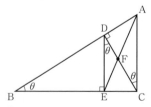

図のようになるから，

$$AC = AB \sin\theta = \sin\theta$$
$$CD = AC \cos\theta = \sin\theta\cos\theta$$
$$DE = CD \cos\theta = \sin\theta\cos^2\theta$$

である．よって，

$$\frac{DE}{AC} = \frac{\sin\theta\cos^2\theta}{\sin\theta} = \cos^2\theta$$

(2) △FEC の面積 S は

$$S = \frac{1}{2} CF \cdot CE \cdot \sin\angle FCE \quad \cdots ①$$

によって求められる．まず，CF の長さを求める．△FDE と △FCA は相似であり，相似比は(1)で求めているから，

$$CF : FD = AC : DE = 1 : \cos^2\theta$$

である．よって，

$$CF = \frac{1}{1 + \cos^2\theta} \cdot CD$$
$$= \frac{\sin\theta\cos\theta}{1 + \cos^2\theta}$$

となる．また，

$$CE = CD \sin\theta = \sin^2\theta\cos\theta$$

である．最後に，$\angle FCE = 90° - \theta$ であるから，

$$\sin\angle FCE = \sin(90° - \theta) = \cos\theta$$

である．

以上を ① に代入すれば，

$$S = \frac{1}{2} \cdot \frac{\sin\theta\cos\theta}{1 + \cos^2\theta} \cdot \sin^2\theta\cos\theta \cdot \cos\theta$$
$$= \frac{\sin^3\theta\cos^3\theta}{2(1 + \cos^2\theta)}$$

167 解 答

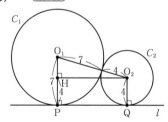

円 C_1, C_2 の中心をそれぞれ O_1, O_2 とし，O_2 から線分 O_1P に下ろした垂線の足を H とする．このとき，直角三角形 O_1O_2H において，

$$O_1O_2 = 7 + 4 = 11$$
$$O_1H = 7 - 4 = 3$$

となるから，ピタゴラスの定理によって，

$$\text{HO}_2=\sqrt{11^2-3^2}=\sqrt{112}=4\sqrt7$$
である．よって，
$$\text{PQ}=\text{HO}_2=\boldsymbol{4\sqrt7}$$

168 〔解 答〕

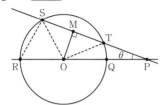

円の中心 O から直線 PS に下ろした垂線の足を M とする．直角三角形 OTM, OSM にピタゴラスの定理を適用すれば，
$$\text{MS}=\text{MT}=\sqrt{1^2-\left(\frac{\sqrt{21}}{7}\right)^2}$$
$$=\sqrt{1-\frac{3}{7}}$$
$$=\frac{2}{\sqrt7}$$
となる．よって，PS$=x$ とおけば，
$$\text{PT}=x-\frac{4}{\sqrt7}$$
である．方べきの定理から，
$$\text{PS}\cdot\text{PT}=\text{PR}\cdot\text{PQ}$$
であるから，これに，
$$\text{PS}=x,\ \text{PT}=x-\frac{4}{\sqrt7},$$
$$\text{PR}=3,\ \text{PQ}=1$$
を代入すれば，
$$x\left(x-\frac{4}{\sqrt7}\right)=3\cdot1$$
$$x^2-\frac{4}{\sqrt7}x-3=0$$
$$\sqrt7\,x^2-4x-3\sqrt7=0$$
2次方程式の解の公式から，
$$x=\frac{2\pm\sqrt{4+3\cdot7}}{\sqrt7}=\frac{2\pm5}{\sqrt7}$$
であるが，$x>0$ であるから，
$$x=\frac{7}{\sqrt7}=\sqrt7$$

よって，
$$\text{PS}=\sqrt7$$
次に，$\angle\text{RPS}=\theta$ とおく．
$$\text{PM}=\text{PS}-\text{MS}=\sqrt7-\frac{2}{\sqrt7}=\frac{5}{\sqrt7}$$
であるから，
$$\cos\theta=\frac{\text{PM}}{\text{OP}}=\frac{\frac{5}{\sqrt7}}{2}=\frac{5}{2\sqrt7}$$
△PRS に余弦定理を適用すれば，
$$\text{RS}^2=\text{PS}^2+\text{PR}^2-2\text{PS}\cdot\text{PR}\cdot\cos\theta$$
$$=7+9-2\cdot\sqrt7\cdot3\cdot\frac{5}{2\sqrt7}$$
$$=7+9-15$$
$$=1$$
よって，
$$\text{RS}=\boldsymbol{1}$$

169 〔解 答〕

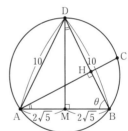

DA=DB なので，△DAB は二等辺三角形である．頂点 D から底辺 AB に垂線 DM を引くと，M は AB の中点となるから，
$$\text{AM}=\text{MB}=2\sqrt5$$
$\angle\text{DBA}=\theta$ とおく．直角三角形 DBM を考えると，
$$\cos\theta=\frac{\text{MB}}{\text{DB}}=\frac{2\sqrt5}{10}=\frac{1}{\sqrt5}$$
であり，また，
$$\sin\theta=\sqrt{1-\cos^2\theta}=\frac{2}{\sqrt5}$$
である．よって，直角三角形 ABH を考えると，
$$\text{BH}=\text{AB}\cos\theta=4\sqrt5\cdot\frac{1}{\sqrt5}=\boldsymbol{4}$$

$$\mathrm{AH}=\mathrm{AB}\sin\theta=4\sqrt{5}\cdot\frac{2}{\sqrt{5}}=\boldsymbol{8}$$

となる.

次に，AC を求めるために，HC $=x$ とおいて，これを求める．方べきの定理から，

$$\mathrm{HA}\cdot\mathrm{HC}=\mathrm{HB}\cdot\mathrm{HD}$$

であるから，

$$8\times x=4\times6$$
$$x=3$$

よって，

$$\mathrm{AC}=\mathrm{AH}+\mathrm{HC}=8+3=\boldsymbol{11}$$

170 解答

(1)

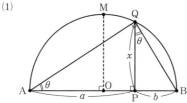

図のように，

$$\mathrm{AP}=a,\ \ \mathrm{BP}=b$$

とおく．半径を r とすると，

$$r=\frac{\mathrm{AB}}{2}=\frac{\boldsymbol{a+b}}{\boldsymbol{2}}$$

である．

次に，PQ $=x$ とおいて，これを求める．
直径に対する円周角は直角であるから，
$\angle\mathrm{AQB}=90°$ である．$\angle\mathrm{QAB}=\theta$ とおいて，
直角三角形 AQB，BPQ を考えると，

$$\angle\mathrm{QBA}=90°-\theta$$
$$\angle\mathrm{BQP}=90°-(90°-\theta)=\theta$$

となる．よって，

$$\angle\mathrm{QAP}=\angle\mathrm{BQP}\ (=\theta)$$

したがって，2つの直角三角形 APQ，QPB
は相似である．これから，

$$\mathrm{AP}:\mathrm{PQ}=\mathrm{QP}:\mathrm{PB}$$
$$a:x=x:b$$
$$x^2=ab$$
$$x=\sqrt{ab}$$

となる．よって，

$$\mathrm{PQ}=\boldsymbol{\sqrt{ab}}$$

(2) 図のように，円の中心 O から直径 AB
に垂直に半径 OM を引くと，

$$\mathrm{OM}\geqq\mathrm{PQ}$$

であるから，

$$\frac{a+b}{2}\geqq\sqrt{ab}$$

が成り立つ．ここで，等号が成立するのは，
P $=$ O，すなわち

$$\boldsymbol{a=b}$$

のときである．

171 解答

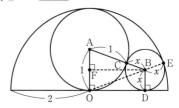

円 B と円 A，半円 O との接点を C, D, E
とし，B から OA に垂線 BF を下ろす．
円 B の半径を x とする．
$\triangle\mathrm{ABF}$ において，

$$\mathrm{AB}=\mathrm{AC}+\mathrm{CB}=1+x$$
$$\mathrm{AF}=\mathrm{AO}-\mathrm{FO}=\mathrm{AO}-\mathrm{BD}$$
$$=1-x$$

なので，

$$\mathrm{BF}^2=\mathrm{AB}^2-\mathrm{AF}^2$$
$$=(1+x)^2-(1-x)^2$$
$$=4x \qquad\qquad\cdots①$$

一方，$\triangle\mathrm{OBD}$ において，

$$\mathrm{OB}=\mathrm{OE}-\mathrm{BE}=2-x$$
$$\mathrm{BD}=x$$

であるから，

$$\mathrm{OD}^2=\mathrm{OB}^2-\mathrm{BD}^2$$
$$=(2-x)^2-x^2$$
$$=4-4x \qquad\qquad\cdots②$$

ところが FB $=$ OD であるから，①と②は
等しい．つまり

$$4x=4-4x$$
$$x=\frac{1}{2}$$

となる.

よって，円 B の半径は $\dfrac{1}{2}$ である.

172 解答

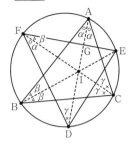

$\triangle$ABC の内角を

$$\angle A=2\alpha, \quad \angle B=2\beta, \quad \angle C=2\gamma$$

とおく．三角形の内角の和は $180°$ であるから，

$$2\alpha+2\beta+2\gamma=180°$$
$$\alpha+\beta+\gamma=90°$$

である.

AD は $\angle A$ の二等分線であるから，

$$\angle BAD=\angle DAC=\alpha$$

である．また，円周角の定理から，弧 DC に対する円周角を考えると，

$$\angle DFC=\angle DAC=\alpha$$

となる.

同様に，BE は $\angle B$ の二等分線であるから，弧 CE に対する円周角を考えると，

$$\angle CFE=\angle CBE=\beta$$

となり，CF は $\angle C$ の二等分線であるから，弧 AF に関する円周角を考えると，

$$\angle ADF=\angle ACF=\gamma$$

となる.

直線 AD と EF の交点を G とすれば，以上の結果から，$\triangle$GDF において，

$$\angle GFD=\alpha+\beta$$
$$\angle GDF=\gamma$$

である．よって，

$$\begin{aligned}\angle DGF&=180°-\angle GFD-\angle GDF\\&=180°-(\alpha+\beta)-\gamma\\&=180°-(\alpha+\beta+\gamma)\end{aligned}$$

$$\begin{aligned}&=180°-90°\\&=90°\end{aligned}$$

である.

以上で，

$$IA\perp EF$$

が示された.

まったく同様にして，

$$IB\perp DF, \quad IC\perp DE$$

も成り立つから，I は $\triangle$DEF の垂心に一致する.

173 解答

(1)

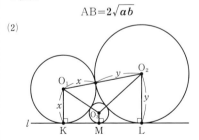

$a>b$ の場合，図のように C から直線 AD に垂線 CE を下ろすと，

$$DC=a+b, \quad DE=a-b$$

よって，ピタゴラスの定理から，

$$\begin{aligned}AB&=\sqrt{(a+b)^2-(a-b)^2}\\&=\sqrt{4ab}=2\sqrt{ab}\end{aligned}$$

$a\leqq b$ の場合も，D から直線 BC に垂線を下ろせば同様なので，a, b の大小によらず，つねに

$$AB=2\sqrt{ab}$$

(2)

3 円 O_1, O_2, O_3 と直線 l との接点をそれぞれ K，L，M とする．また，円 O_3 の半径を z とおく.

四角形 O_1KLO_2 において，

$$O_1K=x, \quad O_2L=y, \quad O_1O_2=x+y$$

であるから，(1) の結果が利用できて，

$$KL = 2\sqrt{xy}$$

となる.

同様に, 四角形 O_1KMO_3 と O_3MLO_2 に (1) の結果を適用すれば,

$$KM = 2\sqrt{xz}, \quad ML = 2\sqrt{yz}$$

である. これらを

$$KM + ML = KL$$

に代入すれば,

$$2\sqrt{xz} + 2\sqrt{yz} = 2\sqrt{xy}$$

$$(\sqrt{x} + \sqrt{y})\sqrt{z} = \sqrt{xy}$$

$$\sqrt{z} = \frac{\sqrt{xy}}{\sqrt{x} + \sqrt{y}}$$

$$z = \frac{xy}{(\sqrt{x} + \sqrt{y})^2}$$

174 [解 答]

(1)

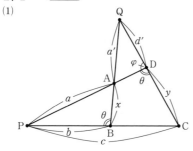

$$PA = a, \quad PB = b, \quad PC = c$$
$$QA = a', \quad QD = d'$$
$$AB = x, \quad CD = y$$

とおく.

$\triangle QBC$ とこれに交わる直線 PD に対してメネラウスの定理を使うと,

$$\frac{a'}{x} \cdot \frac{b}{c} \cdot \frac{y}{d'} = 1$$

となる. よって,

$$\frac{x}{y} = \frac{a'b}{cd'} \qquad \cdots \text{①}$$

すなわち,

$$\frac{AB}{CD} = \frac{QA \cdot BP}{PC \cdot DQ}$$

である. これで証明された.

(2) [解答 I] $\triangle PAB$ と $\triangle PCD$ において,

$\angle P$ は共通である. また, 四角形 ABCD が円に内接することから,

$$\angle PBA = \angle PDC$$

である. したがって, $\triangle PAB$ と $\triangle PCD$ は相似であるから,

$$x : y = a : c$$

$$\frac{x}{y} = \frac{a}{c}$$

が成り立つ. この式と (1) の ① から,

$$\frac{a}{c} = \frac{a'b}{cd'}$$

$$\frac{a}{1} = \frac{a'b}{d'}$$

$$ad' = a'b$$

すなわち,

$$PA \cdot QD = QA \cdot PB$$

となる. これで証明された.

[解答 II] $\triangle APQ$ の面積を 2 通りに表してみる.

$$\angle ABP = \theta, \quad \angle ADQ = \varphi$$

とおく. 四角形 ABCD は円に内接するから,

$$\angle ADC = \theta$$

となり,

$$\theta + \varphi = 180° \qquad \cdots \text{②}$$

が成り立つ. $\triangle APQ$ において, 辺 AQ を底辺とみれば, 高さは

$$BP \sin\theta$$

で表されるから,

$$\triangle APQ = \frac{1}{2} AQ \cdot BP \sin\theta$$

$$= \frac{1}{2} a'b \sin\theta$$

である.

一方, $\triangle APQ$ において, 辺 AP を底辺とみれば, 高さは

$$DQ \sin\varphi$$

であるから,

$$\triangle APQ = \frac{1}{2} AP \cdot DQ \sin\varphi$$

$$= \frac{1}{2} ad' \sin\varphi$$

である. よって,

$$\frac{1}{2} a'b \sin\theta = \frac{1}{2} ad' \sin\varphi$$

であるが，② から $\sin\theta=\sin\varphi$ であるから，
$$a'b=ad'$$
すなわち，
$$QA\cdot PB=PA\cdot QD$$
が成り立つ．これで証明された．

(3)

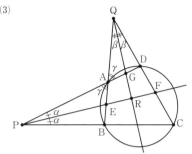

図のように，
$$\angle APR=\angle BPR=\alpha$$
$$\angle AQR=\angle DQR=\beta$$
$$\angle PAB=\angle QAD=\gamma$$
とおく．また，直線 QR と線分 AD の交点を G とする．
四角形 ABCD の内角について，
$$\angle ABC=2\alpha+\gamma$$
$$\angle ADC=2\beta+\gamma$$
が成り立つが，この 2 つは円に内接する四角形の向かい合った角であるから，その和は 180° である．
$$\angle ABC+\angle ADC=180°$$
したがって，
$$(2\alpha+\gamma)+(2\beta+\gamma)=180°$$
$$\alpha+\beta+\gamma=90°　　　\cdots③$$
が成り立つ．
一方，四角形 AERG の内角について，
$$\angle AER=\alpha+\gamma$$
$$\angle AGR=\beta+\gamma$$
$$\angle EAG=180°-\gamma$$
が成り立つ．四角形の内角の和は 360° であるから，残る 1 つの内角 $\angle ERG$ は，360° から上の 3 つを引けば得られる．
すなわち，
$$\angle ERG=360°-(\alpha+\gamma)-(\beta+\gamma)-(180°-\gamma)$$
$$=180°-(\alpha+\beta+\gamma)$$

である．よって，③ によって，
$$\angle ERG=90°$$
となる．これで証明された．

175 [考え方]

3 円の中心を結んでできる三角形から 3 つの扇形を引けば，網目部分となる．

[解答]

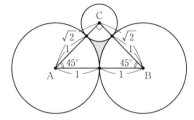

図のように，半径 1 の 2 円の中心を A，B とし，半径 $\sqrt{2}-1$ の円の中心を C とする．
$$AB=2,\quad AC=BC=\sqrt{2}$$
であるから，△ABC は直角二等辺三角形となり，
$$\angle C=90°,\quad \angle A=\angle B=45°$$
となる．
求める面積を S とする．これは，△ABC の面積から 3 つの扇形の面積を引くことで得られるから，
$$S=\frac{1}{2}\cdot\sqrt{2}\cdot\sqrt{2}-\frac{1}{2}\cdot1^2\cdot\frac{\pi}{4}-\frac{1}{2}\cdot1^2\cdot\frac{\pi}{4}$$
$$\qquad -\frac{1}{2}\cdot(\sqrt{2}-1)^2\cdot\frac{\pi}{2}$$
$$=1-\frac{\pi}{8}-\frac{\pi}{8}-\frac{3-2\sqrt{2}}{4}\pi$$
$$=1-\frac{2-\sqrt{2}}{2}\pi$$

176 [解答]

(1)

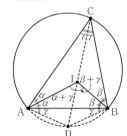

△ABC において，

$$\angle A=2\alpha,\ \angle B=2\beta,\ \angle C=2\gamma$$

とおく．三角形の内角の和が 180° であることから，

$$2\alpha+2\beta+2\gamma=180°$$
$$\alpha+\beta+\gamma=90°$$

である．また，頂点 C は円周上（ただし，弧 AB を除いた部分）にあるから，円周角の定理によって，

$$\gamma は一定$$

である．

内心 I は 3 つの内角の二等分線の交点であるから，図のようになる．

△IAB を考えると，

$$\angle AIB=180°-(\angle IAB+\angle IBA)$$
$$=180°-(\alpha+\beta)$$
$$=180°-(90°-\gamma)$$
$$=90°+\gamma\ （一定）$$

となるから，I は線分 AB を弦とするある円周上にある．

[注] I が描く円弧の中心は弧 AB の中点であることが次のようにして示される．

直線 CI と弧 AB の交点を図のように D とする．弧 DA に対する円周角と弧 DB に対する円周角はともに γ で等しいから，D は弧 AB の中点である．

さて，円周角の定理から，

$$\angle DAB=\angle DCB=\gamma$$
$$\angle DBA=\angle DCA=\gamma$$

である．また，

$$\angle DIA=\angle IAC+\angle ICA=\alpha+\gamma$$
$$\angle DIB=\angle IBC+\angle ICB=\beta+\gamma$$

である．

したがって，

$$\angle DIA=\angle DAI=\alpha+\gamma$$
$$\angle DIB=\angle DBI=\beta+\gamma$$

となり，△DIA と △DIB は二等辺三角形であることがわかる．

よって，

$$DI=DA=DB$$

であるから，内心 I は D を中心として A，B を通る円周上にある．

(2)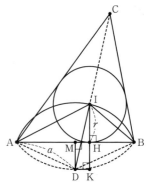

内心 I が描く円弧の中心を D，その半径を a とする．（上の[注]で示したように，D は弧 AB の中点である．）△ABC の内接円の半径を r とすると，これは I から辺 AB に下ろした垂線 IH の長さに等しい．

D から AB に下ろした垂線の足を M とし，DM=h とおく．また，D を通り AB に平行な直線と直線 IH の交点を K とする．このとき，

$$IK\leqq ID$$

であるから，

$$r+h\leqq a$$
$$r\leqq a-h$$

である．ここで，等号が成立するのは，K=D のとき，つまり，I，M，D が一直線上にあるときである．このとき，

$$H=M$$

であるから，△IAB において，頂点 I から底辺に下ろした垂線の足 H は AB の中点 M に一致する．よって，△IAB は IA=IB なる二等辺三角形であり，

$$\alpha=\beta$$

が成り立つ．したがって，△CAB も二等辺三角形である．すなわち，

$$AC=BC$$

が成り立つ．

177 [考え方]

円に内接する四角形 ABCD に対して成り立つ等式

$$AB \cdot CD + AD \cdot BC = AC \cdot BD$$

は**トレミーの定理**として知られている（証明は **156** を参照）．正多角形は円に内接するから，4つの頂点を選んで円に内接する四角形をつくり，トレミーの定理を適用してみる．

解答

(1)

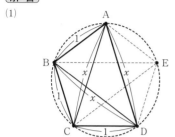

正五角形 ABCDE の対角線の長さはすべて等しいので，それを x とおく．正五角形は円に内接するから，図のように4頂点 A，B，C，D を選んで四角形 ABCD をつくると，この四角形は円に内接する．したがって，

$$AB \cdot CD + AD \cdot BC = AC \cdot BD$$

を適用すれば，

$$1 \cdot 1 + x \cdot 1 = x \cdot x$$
$$x^2 - x - 1 = 0$$

が成り立つ．$x > 0$ であるから，これを解いて，

$$x = \frac{1 + \sqrt{5}}{2}$$

(2)

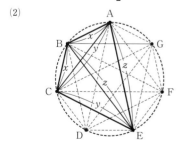

正七角形の対角線は2種類ある．AC $= y$，AE $= z$ より，短い方の対角線が y，長の方の対角線が z である．図のように4つの頂点 A，B，C，E を選んで，円に内接する四角形 ABCE をつくる．すると，

$$AB \cdot CE + AE \cdot BC = AC \cdot BE$$

が成り立つ．AB $=$ BC $= x$ であるから，

$$xy + zx = yz$$

これを xyz で割れば，

$$\frac{1}{y} + \frac{1}{z} = \frac{1}{x}$$

が得られる．

98

第7章 データの分析

178 　解答

(1) 12個のデータを小さい順に並べ替えて，上組と下組に分けると，

45　60　63　68　72　74 | 75　80　82　87　90　95

第1四分位数 Q_1 は下組の中央値なので，

$$Q_1 = \frac{63+68}{2} = \textbf{65.5}$$

第2四分位数 Q_2 は中央値なので，

$$Q_2 = \frac{74+75}{2} = \textbf{74.5}$$

第3四分位数 Q_3 は上組の中央値なので，

$$Q_3 = \frac{82+87}{2} = \textbf{84.5}$$

(2) データの範囲は，最大値と最小値の差であるから，

$$95-45 = \textbf{50}$$

四分位範囲は，$Q_3 - Q_1$ のことであるから，

$$Q_3 - Q_1 = 84.5 - 65.5 = \textbf{19}$$

四分位偏差は，$\dfrac{Q_3 - Q_1}{2}$ のことであるから，

$$\frac{Q_3 - Q_1}{2} = \frac{19}{2} = \textbf{9.5}$$

(3) B は最大値と最小値がデータと合わない．A は四分位数がデータと合わない．C は最大値，最小値，四分位数がデータと合致している．したがって，データに最もあてはまる箱ひげ図は **C** である．

179 　解答

ヒストグラムからデータの値を小さい順に並べて，上組と下組に分けると，

93　93　94　94　94 | 95　96　96　97　98

となる．これから，平均値は，

$$\frac{1}{10}(93\cdot2+94\cdot3+95+96\cdot2+97+98)$$
$$= \frac{950}{10} = \textbf{95}$$

中央値は，

$$\frac{94+95}{2} = \textbf{94.5}$$

最頻値は，

94

である．

分散 s^2 は，$s^2 = \dfrac{1}{n}\displaystyle\sum_{k=1}^{n}(x_k - \overline{x})^2$ によって計算すると，

$$s^2 = \frac{1}{10}\{2\cdot(93-95)^2 + 3\cdot(94-95)^2 + (95-95)^2$$
$$+ 2\cdot(96-95)^2 + (97-95)^2 + (98-95)^2\}$$
$$= \frac{1}{10}\{2\cdot4 + 3\cdot1 + 0 + 2\cdot1 + 4 + 9\}$$
$$= \frac{26}{10} = \textbf{2.6}$$

180 　解答

平均値が 88 であるから，

$$\frac{1}{5}(97+88+75+79+x) = 88$$
$$x = \textbf{101}$$

となる．

分散 s^2 は，$s^2 = \dfrac{1}{n}\displaystyle\sum_{k=1}^{n}(x_k - \overline{x})^2$ によって計算すると，

$$s^2 = \frac{1}{5}\{(97-88)^2 + (88-88)^2 + (75-88)^2$$
$$+ (79-88)^2 + (101-88)^2\}$$
$$= \frac{1}{5}\{81 + 0 + 169 + 81 + 169\}$$
$$= 100$$

である．よって，標準偏差 s は，

$$s = \textbf{10}$$

となる．

181 　解答

平均値は，

$$\frac{1}{100}(25\times0 + 75\times100) = \textbf{75}$$

である．

分散 s^2 は，$s^2 = \dfrac{1}{n}\displaystyle\sum_{k=1}^{n}(x_k - \overline{x})^2$ によって計算すると，

$$s^2 = \frac{1}{100}\{25\times(0-75)^2 + 75\times(100-75)^2\}$$
$$= \frac{1}{100}\{25\times25^2\times9 + 25\times3\times25^2\}$$

$$=\frac{1}{100}\times25^3\times12$$
$$=3\times25^2$$

である．よって，標準偏差 s は，
$$s=\sqrt{3\times25^2}=\mathbf{25\sqrt{3}}$$
となる．

182　解　答

x の平均値 $\overline{x}$ は，
$$\overline{x}=\frac{1}{5}(3+4+5+6+7)=5$$
である．また，y の平均値 $\overline{y}$ は，
$$\overline{y}=\frac{1}{5}(8+6+10+14+12)=10$$
である．

共分散 s_{xy} は，$s_{xy}=\dfrac{1}{n}\displaystyle\sum_{k=1}^{n}(x_k-\overline{x})(y_k-\overline{y})$

で求められる．x, y の偏差 $x-\overline{x}$, $y-\overline{y}$ は，それぞれ，

	A	B	C	D	E
$x-\overline{x}$	-2	-1	0	1	2
$y-\overline{y}$	-2	-4	0	4	2

となるから，共分散 s_{xy} は，
$$s_{xy}=\frac{1}{5}((-2)(-2)+(-1)(-4)+0\cdot0+1\cdot4+2\cdot2)$$
$$=\frac{16}{5}$$
である．

x の分散 $s_x{}^2$ は，$s_x{}^2=\dfrac{1}{n}\displaystyle\sum_{k=1}^{n}(x_k-\overline{x})^2$ によって，
$$s_x{}^2=\frac{1}{5}((-2)^2+(-1)^2+0^2+1^2+2^2)$$
$$=2$$
となる．同様に，y の分散 $s_y{}^2$ は，
$$s_y{}^2=\frac{1}{5}((-2)^2+(-4)^2+0^2+4^2+2^2)$$
$$=8$$
である．よって，x と y の相関係数 r は，
$$r=\frac{s_{xy}}{s_xs_y} \text{ によって，}$$

$$r=\frac{\dfrac{16}{5}}{\sqrt{2}\cdot\sqrt{8}}$$
$$=\frac{4}{5}$$
である．

183　解　答

a, b を除く8個のデータを小さい順に並べると，
$$26,\ 29,\ 34,\ 47,\ 62,\ 73,\ 85,\ 91$$
となる．10個のデータの第3四分位数75は，大きい方から3番目である．これは上記の8個に含まれていないので，
$$b=75$$
となる．

また，10個のデータの中央値は，小さい方から5番目と6番目の平均であるが，
$$\frac{47+62}{2}=54.5<60$$ であるから，a が小さい方から5番目となり，
$$\frac{a+62}{2}=60$$
$$a=58$$
となる．

184　解　答

修正前のデータを x とし，その平均を $\overline{x}$，データの値の2乗の平均を $\overline{x^2}$，分散を $s_x{}^2$ で表す．また，修正後のデータを y とし，その平均を $\overline{y}$，データの値の2乗の平均を $\overline{y^2}$，分散を $s_y{}^2$ で表す．

仮定から，
$$\overline{x}=65,\ s_x{}^2=39$$
である．これを
$$s_x{}^2=\overline{x^2}-\overline{x}^2$$
（「基本のまとめ」を参照）に代入すると，
$$\overline{x^2}=\overline{x}^2+s_x{}^2$$
$$=65^2+39$$
$$=4264$$
となる．

修正前のデータ x から73を除き，83を追加

すれば修正後のデータ y となるから，修正後の平均値 $\overline{y}$ は，
$$\overline{y}=\overline{x}+\frac{-73+83}{10}$$
$$=65+1$$
$$=\mathbf{66}$$
である．また，
$$\overline{y^2}=\overline{x^2}+\frac{-73^2+83^2}{10}$$
$$=4264+156=4420$$
であるから，修正後の分散 $s_y{}^2$ は，
$$s_y{}^2=\overline{y^2}-\overline{y}{}^2$$
$$=4420-66^2$$
$$=\mathbf{64}$$
である．

185 解答

20 個のデータを x とし，そのうちの 15 個のデータを y，残りの 5 個のデータを z で表す．
15 個のデータ y の平均値 $\overline{y}$，分散 $s_y{}^2$ は
$$\overline{y}=10, \quad s_y{}^2=5$$
であるから，y の 2 乗の平均値 $\overline{y^2}$ は，
$$\overline{y^2}=\overline{y}{}^2+s_y{}^2$$
$$=10^2+5$$
$$=105$$
である．（「基本のまとめ」を参照）
同様に，残りの 5 個のデータ z の平均値 $\overline{z}$，分散 $s_z{}^2$ は，
$$\overline{z}=14, \quad s_z{}^2=13$$
であるから，z の 2 乗の平均値 $\overline{z^2}$ は，
$$\overline{z^2}=\overline{z}{}^2+s_z{}^2$$
$$=14^2+13$$
$$=209$$
である．
以上から，20 個のデータ x については，平均値 $\overline{x}$ は，
$$\overline{x}=\frac{15\overline{y}+5\overline{z}}{20}$$
$$=\frac{15\times10+5\times14}{20}$$
$$=\mathbf{11}$$
となる．また，2 乗の平均値 $\overline{x^2}$ は，

$$\overline{x^2}=\frac{15\overline{y^2}+5\overline{z^2}}{20}$$
$$=\frac{15\times105+5\times209}{20}$$
$$=131$$
であるから，分散 $s_x{}^2$ は，
$$s_x{}^2=\overline{x^2}-\overline{x}{}^2$$
$$=131-11^2$$
$$=\mathbf{10}$$
である．

186 解答

データを $x_1, x_2, \cdots, x_n$ とし，平均を $\overline{x}$，分散を s^2 で表す．仮定から，
$$\overline{x}=\frac{1}{n}(x_1+x_2+\cdots+x_n)=\frac{4}{n}$$
$$x_1{}^2+x_2{}^2+\cdots+x_n{}^2=26$$
$$s^2=3$$
である．ここで，
$$s^2=\frac{1}{n}\sum_{k=1}^{n}x_k{}^2-\overline{x}{}^2$$
が成り立つから（「基本のまとめ」を参照），これに代入すれば，
$$3=\frac{26}{n}-\left(\frac{4}{n}\right)^2$$
$$3n^2-26n+16=0$$
$$(n-8)(3n-2)=0$$
n は正の整数であるから，
$$n=\mathbf{8}$$

187 解答

(1) $d_k=|x_k-\overline{x}|\,(k=1, 2, \cdots, 15)$ とおく．分散 s^2 は，
$$s^2=\frac{1}{15}\sum_{k=1}^{15}|x_k-\overline{x}|^2$$
$$=\frac{1}{15}\sum_{k=1}^{15}d_k{}^2$$
$$=\frac{1}{15}(d_1{}^2+d_2{}^2+\cdots+d_{15}{}^2)$$
と表されるから，
$$15s^2=d_1{}^2+d_2{}^2+\cdots+d_{15}{}^2 \quad \cdots ①$$
が成り立つことに注意する．

$|x_i-\overline{x}|>4s$ を満たす x_i が存在しないことを，背理法で示す．存在したと仮定すると，$d_i>4s$ であるから，① から，

$$15s^2=d_1{}^2+d_2{}^2+\cdots+d_{15}{}^2$$
$$\geqq d_i{}^2$$
$$>(4s)^2$$

つまり，

$$15s^2>16s^2$$

となって矛盾する．よって，$|x_i-\overline{x}|>4s$ を満たす x_i は存在しない．

(2) これも背理法により示す．$|x_i-\overline{x}|>2s$ を満たす x_i の個数が 4 個以上と仮定し，4 個の i の値 i_1, i_2, i_3, i_4 に対して，

$$|x_i-\overline{x}|>2s$$

が成り立つとする．このとき，

$$d_{i_1}>2s, \ d_{i_2}>2s, \ d_{i_3}>2s, \ d_{i_4}>2s$$

であるから，① から，

$$15s^2=d_1{}^2+d_2{}^2+\cdots+d_{15}{}^2$$
$$\geqq d_{i_1}{}^2+d_{i_2}{}^2+d_{i_3}{}^2+d_{i_4}{}^2$$
$$>(2s)^2+(2s)^2+(2s)^2+(2s)^2$$
$$=16s^2$$

つまり，

$$15s^2>16s^2$$

となって矛盾する．よって，$|x_i-\overline{x}|>2s$ を満たす x_i の個数は 3 以下である．

第8章　総合演習

188 考え方

n^4+4 を因数分解することにより，合成数であることを示す．

解答

$N=n^4+4$ とおく．

$$n^4+4=(n^4+4n^2+4)-4n^2$$
$$=(n^2+2)^2-(2n)^2$$
$$=(n^2+2n+2)(n^2-2n+2)$$

と因数分解される．

$$P=n^2+2n+2, \quad Q=n^2-2n+2$$

とおけば，$n\geqq 2$ より

$$Q=n(n-2)+2\geqq 2$$

であり，また明らかに $P>Q$ である．したがって，

$$N=PQ, \quad P>Q\geqq 2$$

と N は 2 以上の 2 個の整数の積にかける．よって，N は素数ではない．

189 考え方

$\dfrac{a}{b}$ が $\sqrt{3}$ より大きいとき，小さいときの 2 つの場合がある．それぞれについて，$\dfrac{a+3b}{a+b}$ と $\sqrt{3}$ との大小を調べる．

解答

$\sqrt{3}$ は無理数なので，$\dfrac{a}{b}=\sqrt{3}$ となることはない．よって，次の 2 つの場合が考えられる．

(ア) $\dfrac{a}{b}<\sqrt{3}$ の場合

この場合，

$$a<\sqrt{3}\,b \qquad \cdots ①$$

である．このとき，

$$\frac{a+3b}{a+b}-\sqrt{3}=\frac{a+3b-\sqrt{3}\,a-\sqrt{3}\,b}{a+b}$$
$$=\frac{(3-\sqrt{3})b-(\sqrt{3}-1)a}{a+b}$$
$$=\frac{(\sqrt{3}-1)(\sqrt{3}\,b-a)}{a+b}$$

であるが，① より $\sqrt{3}\,b-a>0$ なので，こ

の式の値は正である．つまり

$$\frac{a+3b}{a+b}-\sqrt{3}>0$$

$$\frac{a+3b}{a+b}>\sqrt{3}$$

よって，

$$\frac{a}{b}<\sqrt{3}<\frac{a+3b}{a+b}$$

となり，

$\sqrt{3}$ は $\dfrac{a}{b}$ と $\dfrac{a+3b}{a+b}$ の間にある．

(イ) $\dfrac{a}{b}>\sqrt{3}$ の場合

この場合，

$$a>\sqrt{3}\,b \qquad \cdots ②$$

である．(ア)の計算から，

$$\frac{a+3b}{a+b}-\sqrt{3}=\frac{(\sqrt{3}-1)(\sqrt{3}\,b-a)}{a+b}$$

であるが，今度は②により，この式の値は負となる．つまり

$$\frac{a+3b}{a+b}-\sqrt{3}<0$$

$$\frac{a+3b}{a+b}<\sqrt{3}$$

よって，

$$\frac{a+3b}{a+b}<\sqrt{3}<\frac{a}{b}$$

となり，やはり

$\sqrt{3}$ は $\dfrac{a}{b}$ と $\dfrac{a+3b}{a+b}$ の間にある．

以上，(ア)，(イ)により証明された．

190 考え方

(1) 三角不等式

$$|x+y|\leqq|x|+|y|$$

を利用して変形していく．

(2) $|\alpha|-1\geqq M$ と仮定して，(1)の結果とあわせて矛盾を導く．

解答

(1) $f(\alpha)=0$ であるから，

$$\alpha^{3}+a\alpha^{2}+b\alpha+c=0$$

$$\alpha^{3}=-(a\alpha^{2}+b\alpha+c)$$

両辺の絶対値をとり，三角不等式および

$$|a|\leqq M,\ |b|\leqq M,\ |c|\leqq M$$

に注意して変形を行うと，

$$|\alpha^{3}|=|a\alpha^{2}+b\alpha+c|$$

$$\leqq|a\alpha^{2}|+|b\alpha|+|c|$$

$$=|a|\cdot|\alpha|^{2}+|b|\cdot|\alpha|+|c|$$

$$\leqq M|\alpha|^{2}+M|\alpha|+M$$

$$=M(|\alpha|^{2}+|\alpha|+1)$$

となる．つまり

$$|\alpha|^{3}\leqq M(|\alpha|^{2}+|\alpha|+1)$$

が成立する．

(2) $|\alpha|-1\geqq M$ と仮定する．(1)の結果の式において，右辺の M を $|\alpha|-1$ で置き換えれば，さらに大きくなり，

$$|\alpha|^{3}\leqq M(|\alpha|^{2}+|\alpha|+1)$$

$$\leqq(|\alpha|-1)(|\alpha|^{2}+|\alpha|+1)$$

$$=|\alpha|^{3}-1$$

となるが，この $|\alpha|^{3}\leqq|\alpha|^{3}-1$ は明らかに矛盾である．

よって，

$$|\alpha|-1<M$$

である．

191 解答

$$f(x)=x^{2}-ax+2b$$

とおく．

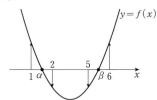

$1<\alpha<2,\ 5<\beta<6$ となる条件は，

$$f(1)=1-a+2b>0$$

$$f(2)=4-2a+2b<0$$

$$f(5)=25-5a+2b<0$$

$$f(6)=36-6a+2b>0$$

である．

これから，

$$\begin{cases} \dfrac{a-1}{2} < b & \cdots ① \\ 3a-18 < b & \cdots ② \\ \qquad b < a-2 & \cdots ③ \\ \qquad b < \dfrac{5a-25}{2} & \cdots ④ \end{cases}$$

を得る.

これをみたす9以下の自然数 a, b を求めればよい.

まず④に着目する.もし $a \leq 5$ ならば,④より

$$b < \frac{5(a-5)}{2} \leq 0$$

となり不合理だから,$a \geq 6$ でなければならない.

そこで,$a = 6$, 7, 8, 9 の各々について調べると,

(ア)　$a = 6$ の場合

①～④は,

$$\frac{5}{2} < b,\ 0 < b,\ b < 4,\ b < \frac{5}{2}$$

となり,これをすべてみたす b は存在しない.

(イ)　$a = 7$ の場合

①～④は,

$$3 < b,\ 3 < b,\ b < 5,\ b < 5$$

となり,これらをすべてみたす b は $b = 4$ のみである.

(ウ)　$a = 8$ の場合

①～④は,

$$\frac{7}{2} < b,\ 6 < b,\ b < 6,\ b < \frac{15}{2}$$

となり,これらをすべてみたす b は存在しない.

(エ)　$a = 9$ の場合

①～④は,

$$4 < b,\ 9 < b,\ b < 7,\ b < 10$$

となり,これらを同時にみたす b は存在しない.

(ア)～(エ)から,条件をみたす a, b の値は

$$\boldsymbol{a = 7,\ b = 4}$$

のみである.

---

192 [考え方]

集合 A は方程式

$$x^2 + ax + b = 0$$

の解の全体である.集合 B も同様であるから,集合 $A \cap B$ とは,2つの方程式の共通解の全体に他ならない.

[解答]

$A \cap B = \{t\}$ とすると,$t \in A$,$t \in B$ より

$$t^2 + at + b = 0 \qquad \cdots ①$$
$$t^2 + bt + a = 0 \qquad \cdots ②$$

が成立する.

①－②より

$$(a-b)t + (b-a) = 0$$
$$(a-b)(t-1) = 0$$

よって,

$$a = b \ \text{または}\ t = 1 \qquad \cdots ③$$

(ア)　$a = b$ のとき

$$A = B = \{x \mid x^2 + ax + a = 0\}$$

となるから,$A \cap B$ がただ1つの要素から成るのは

$$x^2 + ax + a = 0$$

をみたす実数 x がただ1つだけのときである.その条件は

$$[判別式] = a^2 - 4a = 0$$
$$a = 0,\ 4$$

よって,

$$(a,\ b) = (0,\ 0),\ (4,\ 4)$$

(イ)　$a \neq b$ のとき

③より $t = 1$ でなくてはならない.

①に代入すると,

$$1 + a + b = 0$$
$$b = -a - 1$$

このとき,

$$x^2 + ax + b = x^2 + ax - (a+1)$$
$$= (x-1)(x+a+1)$$

であるから,

$$A = \{1,\ -a-1\}$$

また,

$$x^2 + bx + a = x^2 - (a+1)x + a$$
$$= (x-1)(x-a)$$

であるから,

$$B = \{1,\ a\}$$

したがって,
$$A \cap B = \{1\}$$
になる条件は,
$$(a=1) \ \text{または} \ (-a-1=1)$$
$$\text{または} \ (a \neq -a-1)$$
つまり,
$$a=1 \ \text{または} \ a=-2$$
$$\text{または} \ a \neq -\frac{1}{2}$$
となる.
$b=-a-1$ だから,
$$(a, b)=(1, -2) \ \text{または} \ (a, b)=(-2, 1)$$
$$\text{または} \ b=-a-1 \left(a \neq -\frac{1}{2}\right)$$
となる.
これらは,まとめて,
$$b=-a-1 \left(a \neq -\frac{1}{2}\right)$$
とかける.
(ア), (イ)をまとめると,
$$\boldsymbol{b=-a-1 \left(a \neq -\frac{1}{2}\right) \ \text{または}}$$
$$\boldsymbol{(a, b)=(0, 0) \ \text{または} \ (a, b)=(4, 4)}$$

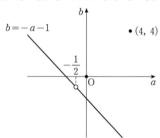

193 考え方

まず,何が変数なのかを認識することが大切である. (1)では b が変化するのだから, P を b の関数とみなければいけない.同様に,(2)では P は a の関数となる. a, b といった文字は変数として用いられることは少ないので,例えば,(1)では $b=x$ などとおいて,変数としてよく用いられる文字 x に変えてみるのもよいであろう.

解答

(1) $b=x$ とおくと,
$$P=x^2+(6-4a^2)x+a^4$$
である.平方完成すると,
$$P=\{x+(3-2a^2)\}^2-(3-2a^2)^2+a^4$$
となる.

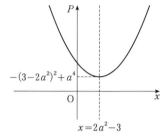

したがって,すべての実数 x で $P \geqq 0$ となる条件は,
$$-(3-2a^2)^2+a^4 \geqq 0$$
$$3a^4-12a^2+9 \leqq 0$$
$$3(a^2-1)(a^2-3) \leqq 0$$
$$1 \leqq a^2 \leqq 3$$
よって,
$$-\sqrt{3} \leqq a \leqq -1, \ 1 \leqq a \leqq \sqrt{3}$$

(2) $a=x$ とおくと,
$$P=x^4-4bx^2+b^2+6b$$
である. $x^2=t$ と置き換えると,
$$t \geqq 0$$
であり,
$$P=t^2-4bt+b^2+6b(=f(t) \ \text{とおく})$$
となる.
t が $t \geqq 0$ で変化するときに,つねに $f(t) \geqq 0$ となる b の条件を求めればよい.
$$f(t)=(t-2b)^2-3b^2+6b$$
とかけるので, $f(t)$ の増域は $t=2b$ の前後で変わるから, $2b$ と 0 との大小で場合分けをする.

(ア) $2b \leqq 0$ (すなわち $b \leqq 0$) のとき

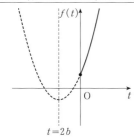

$f(t)$ は $t \geqq 0$ で単調に増加するから，$t \geqq 0$ において $f(t) \geqq 0$ となる条件は，
$$f(0) = b^2 + 6b \geqq 0$$
$$b \leqq -6 \text{ または } b \geqq 0$$
しかし，$b \leqq 0$ であるから，
$$b \leqq -6 \text{ または } b = 0 \qquad \cdots \text{①}$$
となる．

(イ) $2b > 0$ (すなわち $b > 0$) のとき

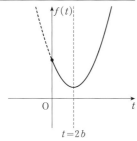

$f(t)$ は $0 \leqq t \leqq 2b$ で減少し，$t \geqq 2b$ で増加する．よって，$t \geqq 0$ において $f(t) \geqq 0$ となる条件は，
$$f(2b) = -3b^2 + 6b \geqq 0$$
$$b(b - 2) \leqq 0$$
$$0 \leqq b \leqq 2$$
$b > 0$ であるから，
$$0 < b \leqq 2 \qquad \cdots \text{②}$$
(ア)，(イ) の結果 ①，② をあわせると，
$$b \leqq -6 \text{ または } 0 \leqq b \leqq 2$$

194 [考え方]

(1)では a に対して D_a に含まれる (x, y) を求めることができればよい．つまり x と y は求めるべき未知数である．これに対して

(2)では，x，y を与えたときに $(x, y) \in D_a$ が $1 \leqq a \leqq 2$ なる a でつねに成立するかということであるから，x，y はむしろ定数であって，a が変数なのである．この文字の立場のちがいを理解しなくてはいけない．

[解答]

(1) $(x, y) \in D_a$ となる条件は，不等式
$$x^2 - ax + a \leqq y \leqq -x^2 + 3a \qquad \cdots \text{①}$$
で表される．これをみたす (x, y) の組が存在すればよい．まず <u>x を1つ決めて固定する</u>．このとき ① をみたす y が存在するのは
$$x^2 - ax + a \leqq -x^2 + 3a \qquad \cdots \text{②}$$
であるから，この ② をみたす x が存在すればよいことになる．
変形すると，
$$2x^2 - ax - 2a \leqq 0 \qquad \cdots \text{②}'$$
となる．

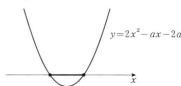

②' をみたす x が存在するのは，
$$y = 2x^2 - ax - 2a$$
のグラフが x 軸と共有点をもつときだから，
$$[判別式] = a^2 + 16a \geqq 0$$
$$a(a + 16) \geqq 0$$
よって，
$$\boldsymbol{a \leqq -16 \text{ または } a \geqq 0}$$

(2) $(x, y) \in D_a$ となる条件は，
$$x^2 - ax + a \leqq y \leqq -x^2 + 3a \qquad \cdots \text{③}$$
であるから，これが $1 \leqq a \leqq 2$ なるすべての a で成立するような (x, y) を求めればよい．そこで ③ を a に関して整理すると，
$$\begin{cases} (x-1)a + y - x^2 \geqq 0 & \cdots \text{④} \\ 3a - x^2 - y \geqq 0 & \cdots \text{⑤} \end{cases}$$
となる．
④，⑤ が $1 \leqq a \leqq 2$ なるすべての a で成立する (x, y) を求めればよい．
$$f(a) = (x-1)a + y - x^2$$
$$g(a) = 3a - x^2 - y$$

とおくと，この2つは

$$\begin{cases} f(a) \geqq 0 & \cdots ④' \\ g(a) \geqq 0 & \cdots ⑤' \end{cases}$$

とかける．

まず⑤'の方から考える．$g(a)$はaの1次関数で単調に増加するから，

$$1 \leqq a \leqq 2 \text{ でつねに } g(a) \geqq 0$$
$$\Longleftrightarrow g(1) \geqq 0$$
$$\Longleftrightarrow 3 - x^2 - y \geqq 0$$
$$\Longleftrightarrow y \leqq 3 - x^2 \qquad \cdots ⑥$$

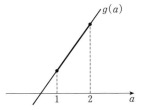

次に④'を考える．$f(a)$はaの1次関数であるから，$f(a)$の増減は1次の係数$x-1$で決まる．

(ア) $x-1 \geqq 0$（つまり $x \geqq 1$）のとき

$f(a)$は増加関数または定数であるから，

$$1 \leqq a \leqq 2 \text{ でつねに } f(a) \geqq 0$$
$$\Longleftrightarrow f(1) \geqq 0$$
$$\Longleftrightarrow x - 1 + y - x^2 \geqq 0$$
$$\Longleftrightarrow y \geqq x^2 - x + 1 \qquad \cdots ⑦$$

(イ) $x-1 < 0$（つまり $x < 1$）のとき

$f(a)$は減少関数であるから，

$$1 \leqq a \leqq 2 \text{ でつねに } f(a) \geqq 0$$
$$\Longleftrightarrow f(2) \geqq 0$$
$$\Longleftrightarrow 2(x-1) + y - x^2 \geqq 0$$
$$\Longleftrightarrow y \geqq x^2 - 2x + 2 \qquad \cdots ⑧$$

以上をまとめる．x, yの条件は，⑥，⑦，⑧より，

$$\begin{cases} x \geqq 1 \text{ のとき，} x^2 - x + 1 \leqq y \leqq 3 - x^2 \\ x \leqq 1 \text{ のとき，} x^2 - 2x + 2 \leqq y \leqq 3 - x^2 \end{cases}$$

となる．

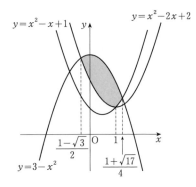

195 考え方

$(x+y+z)^6$の場合で考え方を説明する．これを展開すると，

$$x^6, \ x^5y, \ x^4yz, \ x^3y^2z, \ xyz^4, \ \cdots$$

などたくさんの種類の項が出てくるが，x, y, zの次数をあわせると6次なので，どれも

$$x^k y^l z^m$$

ただし

$$k, \ l, \ m \text{ は0以上の整数で}$$
$$k + l + m = 6$$

と表される．

したがって，

$$k + l + m = 6$$

をみたす0以上の整数の組(k, l, m)の個数を求めればよい．これを求めるために，次のような工夫をする．(k, l, m)に対して，2つの記号○と|の列

$$\underbrace{○ \cdots ○}_{k 個} | \underbrace{○ \cdots ○}_{l 個} | \underbrace{○ \cdots ○}_{m 個}$$

を対応させる．例えば次のようになる．

$$(2, 1, 3) \longleftrightarrow ○○|○|○○○$$
$$(4, 2, 0) \longleftrightarrow ○○○○|○○|$$
$$(4, 0, 2) \longleftrightarrow ○○○○||○○$$
$$(0, 4, 2) \longleftrightarrow |○○○○|○○$$
$$(0, 6, 0) \longleftrightarrow |○○○○○○|$$
$$(6, 0, 0) \longleftrightarrow ○○○○○○||$$
$$(0, 0, 6) \longleftrightarrow ||○○○○○○$$

このときの列は

$$6 個の○と2個の|$$

を並べてできる任意のものでよいことに注意
する。つまり区切り記号 | が続いてもよいし，
| で始まっても，| で終わってもよい。

さて，この対応は 1 対 1 だから，この列が何
個あるか調べればよいことになる。

解答

$(x+y+z)^{88}$ を展開するときに出てくる項
は，係数を無視すると，すべて
$$x^k y^l z^m$$
の形である。ここで k, l, m は
$$\begin{cases} k \geqq 0, \ l \geqq 0, \ m \geqq 0 \\ k+l+m=88 \end{cases}$$
をみたす整数すべてをとる。このような組
(k, l, m) は，列

$$\underbrace{\bigcirc \cdots \bigcirc}_{k \text{ 個}} \mid \underbrace{\bigcirc \cdots \bigcirc}_{l \text{ 個}} \mid \underbrace{\bigcirc \cdots \bigcirc}_{m \text{ 個}}$$

と 1 対 1 に対応する。よって
$$88 \text{ 個の} \bigcirc \text{と} 2 \text{ 個の} \mid$$
を並べた列の数を求めればよい。
これは $88+2=90$ 個の場所から | の場所 2
個を選ぶことと同じなので，
$$_{90}C_2 = \frac{90 \times 89}{2 \times 1}$$
$$= 4005 \text{ 種類}$$

196 考え方

2 つの命題 p, q を
$$p : x^2 - y^2 = n \text{ は整数解をもつ}$$
$$q : n \text{ は奇数または 4 の倍数である}$$
とおく。q が p であるための必要条件である
とは，
(i) $p \Longrightarrow q$

が真ということである。同様に，q が p であ
るための十分条件であるとは，
(ii) $q \Longrightarrow p$

が真ということである。したがって，(i)，(ii)
の 2 つを証明すればよい。ここで，(ii) を示
すとき，命題 p すなわち「$x^2 - y^2 = n$ が整
数解をもつ」ことを示すには，整数解 x, y
をすべて求める必要はなく，1 組でも解を示
せばそれですむことに注意しよう。

最後に，「奇数または 4 の倍数」という条件

であるが，
$$(4 \text{ の倍数}) = (偶数) \times (偶数)$$
に注意して，偶奇分け，つまり 2 で割った余
りで分類する手法を用いる。

解答
必要性と十分性に分けて証明する。
(i) 必要性
方程式 $x^2 - y^2 = n$ が整数解
$$(x, y) = (a, b)$$
をもつとする。このとき，
$$n = a^2 - b^2$$
$$= (a+b)(a-b) \quad \cdots ①$$
とかける。ここで，$a+b$ と $a-b$ はとも
に偶数あるいはともに奇数になることに注意
する。(a と b がともに偶数あるいはともに
奇数の場合は，$a+b$ と $a-b$ はいずれも
偶数となる。a と b の偶奇が異なる場合には，
$a+b$ と $a-b$ はいずれも奇数となる。)
(ア) $a+b$, $a-b$ が偶数のとき
① により
$$n = (偶数) \times (偶数)$$
$$= (4 \text{ の倍数})$$
(イ) $a+b$, $a-b$ が奇数のとき
① により
$$n = (奇数) \times (奇数)$$
$$= (奇数)$$
(ア)，(イ) から，
$$n \text{ は奇数または 4 の倍数}$$
である。
(ii) 十分性
n が奇数または 4 の倍数とする。このとき，
$$x^2 - y^2 = n \quad \cdots ②$$
には整数解 (x, y) があることを示す。それ
には，② をみたす整数 x, y の組を 1 組具体
的に示せばよい。
(ア) n が奇数のとき
$n = 2k+1$ (k は整数) とおける。このとき，
② は
$$x^2 - y^2 = 2k+1$$
$$(x+y)(x-y) = 2k+1 \quad \cdots ③$$
となる。そこで，x, y を
$$x+y = 2k+1, \ x-y = 1 \quad \cdots ④$$

となるようにとれば，③ は成立する．

④ より，$x=k+1$，$y=k$ である．すなわち，
$$(x, y)=(k+1, k)$$
という整数解が存在する．

(イ)　n が4の倍数のとき

$n=4k$（k は整数）とおける．このとき，② は
$$x^2-y^2=4k$$
$$(x+y)(x-y)=4k \qquad \cdots⑤$$
となる．そこで，x，y を
$$x+y=2k, \quad x-y=2$$
すなわち，$x=k+1$，$y=k-1$ となるようにとれば，⑤ は成立する．よって，② は
$$(x, y)=(k+1, k-1)$$
という整数解をもつ．

(ア)，(イ) より，② は整数解をもつことが示された．

以上 (i)，(ii) から，必要かつ十分であることが証明された．

197　考え方

a，b が大きくなると
$$\frac{1}{a}+\frac{1}{b}\leqq\frac{10}{21}$$
となることは簡単に示せる．例えば a，b がともに5以上であれば
$$\frac{1}{a}+\frac{1}{b}\leqq\frac{1}{5}+\frac{1}{5}=\frac{2}{5}<\frac{10}{21}$$
である．ということは，a，b のいずれかが4以下の場合をチェックすればよいということになる．

解答

まず
$$a\leqq b \qquad \cdots①$$
と仮定してもかまわないことに注意する．なぜなら，もし $a>b$ であれば a と b を入れかえて考えればよいからである．

そこで以下，① の下で考える．

$a\geqq5$ のときは $b\geqq a\geqq5$ なので
$$\frac{1}{a}+\frac{1}{b}\leqq\frac{1}{5}+\frac{1}{5}=\frac{2}{5}<\frac{10}{21}$$
となる．よって，$a\leqq4$ の場合を調べればよい．

条件から
$$\frac{1}{a}<\frac{1}{a}+\frac{1}{b}<\frac{1}{2}$$
$$a>2$$
となるので，$a=3$，4 に限られる．

(ア)　$a=3$ の場合

条件から，
$$\frac{1}{3}+\frac{1}{b}<\frac{1}{2}$$
$$\frac{1}{b}<\frac{1}{2}-\frac{1}{3}=\frac{1}{6}$$
$$b>6$$
つまり $b\geqq7$ である．よって，
$$\frac{1}{a}+\frac{1}{b}\leqq\frac{1}{3}+\frac{1}{7}=\frac{10}{21}$$

(イ)　$a=4$ の場合
$$\frac{1}{4}+\frac{1}{b}<\frac{1}{2}$$
$$\frac{1}{b}<\frac{1}{2}-\frac{1}{4}=\frac{1}{4}$$
$$b>4$$
つまり $b\geqq5$ である．よって，
$$\frac{1}{a}+\frac{1}{b}\leqq\frac{1}{4}+\frac{1}{5}=\frac{9}{20}<\frac{10}{21}$$

(ア)，(イ) と，最初に述べた $a\geqq5$ の場合をあわせれば，つねに
$$\frac{1}{a}+\frac{1}{b}\leqq\frac{10}{21}$$
が成り立つことが示された．

198　考え方

a と b，および x と y の対称性に着目する．また，
$$X=ax+by$$
$$Y=ay+bx$$
と置き換えすると，式変形が見やすくなる．X^3+Y^3 も対称式だから，$X+Y$，XY の計算から始めるとよい．

解答
$$P=(ax+by)^3+(ay+bx)^3$$
とおく．
$$X=ax+by, \ Y=ay+bx$$
とおけば，

$$P = X^3 + Y^3$$

となる．まず $X+Y$ と XY を計算する．

$$\begin{aligned}
X+Y &= a(x+y)+b(y+x) \\
&= (a+b)(x+y) \\
&= 3 \cdot 4 = 12
\end{aligned}$$

$$\begin{aligned}
XY &= a^2xy + abx^2 + bay^2 + b^2yx \\
&= ab(x^2+y^2)+(a^2+b^2)xy
\end{aligned}$$

ここで，

$$\begin{aligned}
x^2+y^2 &= (x+y)^2 - 2xy \\
&= 4^2 - 2 \cdot 2 \\
&= 12 \\
a^2+b^2 &= (a+b)^2 - 2ab \\
&= 3^2 - 2 \cdot 1 \\
&= 7
\end{aligned}$$

であるから，代入すれば，

$$XY = 1 \cdot 12 + 7 \cdot 2 = 26$$

よって，

$$\begin{aligned}
P &= X^3 + Y^3 \\
&= (X+Y)^3 - 3XY(X+Y) \\
&= 12^3 - 3 \cdot 26 \cdot 12 \\
&= 792
\end{aligned}$$

199

【解答】

(1)　$x^4 + x^2 - 4x - 3 = (x^2+a)^2 - b(x+c)^2$
　　　　　　　　　　　　　　　$\cdots$①

の右辺を展開すると，

$$\begin{aligned}
&x^4 + 2ax^2 + a^2 - b(x^2+2cx+c^2) \\
&= x^4 + (2a-b)x^2 - 2bcx + (a^2 - bc^2)
\end{aligned}$$

となる．① が恒等式になる条件は，両辺の係数がすべて等しくなることだから，

$$\begin{cases}
2a - b = 1 & \cdots② \\
-2bc = -4 & \cdots③ \\
a^2 - bc^2 = -3 & \cdots④
\end{cases}$$

この連立方程式を解けばよい．

②，③ から b, c を a で表して ④ に代入し，a の方程式をつくる．

② から，

$$b = 2a - 1 \qquad \cdots⑤$$

③ から，

$$c = \frac{2}{b} = \frac{2}{2a-1} \qquad \cdots⑥$$

以上の 2 式を ④ に代入すると，

$$a^2 - (2a-1) \cdot \frac{4}{(2a-1)^2} = -3$$

$$a^2 - \frac{4}{2a-1} = -3$$

分母を払って整理すると，

$$\begin{aligned}
&a^2(2a-1) - 4 = -3(2a-1) \\
&2a^3 - a^2 + 6a - 7 = 0 \\
&(a-1)(2a^2 + a + 7) = 0
\end{aligned}$$

a は実数なので，

$$\boldsymbol{a = 1}$$

これを ⑤，⑥ に代入すれば

$$\boldsymbol{b = 1, \quad c = 2}$$

となる．

(2)　(1) の結果から，この方程式は

$$(x^2+1)^2 - (x+2)^2 = 0$$

と変形される．これから，

$$\begin{aligned}
&\{(x^2+1)-(x+2)\}\{(x^2+1)+(x+2)\} = 0 \\
&(x^2 - x - 1)(x^2 + x + 3) = 0 \\
&x^2 - x - 1 = 0 \ \text{または} \ x^2 + x + 3 = 0
\end{aligned}$$

となる．よって，

$$\boldsymbol{x = \frac{1 \pm \sqrt{5}}{2}, \quad x = \frac{-1 \pm \sqrt{11}\,i}{2}}$$

200　【考え方】

2 通りの解答をする．

［Ⅰ］　2 解を α, β とし，解と係数の関係を利用して m を消去し，α, β に関する不定方程式を導く．

［Ⅱ］　解の公式で x を求めたとき，$\sqrt{}$ の中は平方数になる必要がある．

【解答】

［解答Ⅰ］　2 つの整数解を α, β とする．解と係数の関係より，

$$\begin{cases}
\alpha + \beta = -(m+1) & \cdots① \\
\alpha\beta = 2m - 1 & \cdots②
\end{cases}$$

この 2 式から m を消去する．① から，

$$m = -(\alpha+\beta) - 1$$

これを ② に代入して，

$$\begin{aligned}
&\alpha\beta = 2(-\alpha-\beta-1) - 1 \\
&\alpha\beta + 2\alpha + 2\beta + 4 = 1 \\
&(\alpha+2)(\beta+2) = 1
\end{aligned}$$

$\alpha+2$, $\beta+2$ は整数なので,

$$\left.\begin{array}{l}\alpha+2=1\\\beta+2=1\end{array}\right\}\left.\begin{array}{l}-1\\-1\end{array}\right\}$$

ゆえに,

$$(\alpha,\ \beta)=(-1,\ -1),\ (-3,\ -3)$$

これを $m=-(\alpha+\beta)-1$ に代入すると,

$(\alpha,\ \beta)=(-1,\ -1)$ のとき, $m=1$

$(\alpha,\ \beta)=(-3,\ -3)$ のとき, $m=5$

よって,

$$\boldsymbol{m=1,\ 5}$$

[解答Ⅱ] 解の公式により,

$$x=\frac{-m-1\pm\sqrt{m^2-6m+5}}{2}\ \cdots①$$

x が整数になるには, $\sqrt{\ }$ の中の
m^2-6m+5 が平方数になる必要がある.

よって, l を 0 以上の整数として

$$m^2-6m+5=l^2$$

とおける. これから,

$$(m-3)^2-4=l^2$$

$$(m-3)^2-l^2=4$$

$$(m-3+l)(m-3-l)=4$$

$m-3+l\geqq m-3-l$ に注意すると,

$$\left.\begin{array}{l}m-3+l=4\\m-3-l=1\end{array}\right\}\left.\begin{array}{l}2\\2\end{array}\right\}\left.\begin{array}{l}-2\\-2\end{array}\right\}\left.\begin{array}{l}-1\\-4\end{array}\right\}$$

このうち, l, m が整数となるものを選ぶと,

$$(l,\ m)=(0,\ 5),\ (0,\ 1)$$

① に代入すると,

$m=5$ のとき,

$$x=\frac{-6\pm\sqrt{0}}{2}=-3\ (重解)$$

$m=1$ のとき,

$$x=\frac{-2\pm\sqrt{0}}{2}=-1\ (重解)$$

となり, 確かに 2 解とも整数になる. よって,

$$\boldsymbol{m=1,\ 5}$$

201 考え方

「積＝一定」の形に変形する.

あとは約数を求めることで解ける.

 解答

$$y=\sqrt{x^2+36}$$

の両辺とも正なので, 2 乗してももとの式と

同値である.

$$y^2=x^2+36$$

これを, 次のように「積＝一定」の形に変形する.

$$y^2-x^2=36$$

$$(y+x)(y-x)=36$$

$36=2^2\cdot3^2$ なので, $y+x$ と $y-x$ の組合せは, 次に限られる. ($y+x>y-x$ に注意)

$y+x$	36	18	12	9
$y-x$	1	2	3	4

この 4 通りに対して x, y を求めると,

$$(x,\ y)=\left(\frac{35}{2},\ \frac{37}{2}\right),\ (8,\ 10),\ \left(\frac{9}{2},\ \frac{15}{2}\right),$$
$$\left(\frac{5}{2},\ \frac{13}{2}\right)$$

となる. このうち, x, y が整数になるものを選べば

$$(\boldsymbol{x},\ \boldsymbol{y})=(\boldsymbol{8,\ 10})$$

となる.

[注] $y+x$ と $y-x$ の積が 36 になる 4 つの組合せのうち, 3 つは x, y が整数にならず求めるものにならなかった.

このような無駄骨を避けるには, $y+x$ と $y-x$ の偶奇に注意を払うとよい.

$$(y+x)-(y-x)=2x=(偶数)$$

と $y+x$, $y-x$ の差は偶数なので, $y+x$ と $y-x$ の偶奇は一致している. つまり, ともに偶数になるか, ともに奇数になるかのいずれかなのである.

したがって, 36 を $y+x$ と $y-x$ の積に分けるときも, 偶奇が一致するような 2 数の積にかく必要がある. それは

$$36=18\times2$$

に限られる. よって,

$$y+x=18,\ y-x=2$$

の 1 通りになるのであった.

202 考え方

$A\subset B$ と $B\subset A$ の両方を示せばよい.

 解答

まず, $B\subset A$ を示す. $x\in B$ を任意にとる.

x は b と c の公約数だから，
$$b=kx, \quad c=lx$$
となる自然数 k, l がある．すると，
$$a=bd+c \qquad \cdots ①$$
に代入することにより
$$a=kx \cdot d+lx=(kd+l)x$$
とかけるから，x は a の約数でもある．
x は b の約数であったから，
$$x \text{ は } a \text{ と } b \text{ の公約数}$$
であることがわかる．これは $x \in A$ を意味している．
以上をまとめると，
$$x \in B \text{ ならば } x \in A \text{ である}$$
となる．したがって，$B \subset A$ である．
次に，$A \subset B$ を示す．いまとまったく同様の方法で示される．
$y \in A$ を任意にとると，y は a と b の公約数だから，ある自然数 m, n により
$$a=my, \quad b=ny$$
とかける．① より
$$c=a-bd$$
なので，この式に代入すると，
$$c=my-ny \cdot d=(m-nd)y$$
となる．よって y は c の約数でもある．
y は b の約数であったから，
$$y \text{ は } b \text{ と } c \text{ の公約数}$$
となる．これは $y \in B$ を意味している．
まとめると，
$$y \in A \text{ ならば } y \in B \text{ である}$$
となる．よって $A \subset B$ が成立する．
以上で，$A \subset B$ と $B \subset A$ が示された．
よって，$A=B$ である．

203
解答

(1) n と $n+1$ の（正の）公約数が 1 のみであることを示せばよい．
d を n と $n+1$ の公約数（ただし $d>0$）とする．すると，
$$n=da \qquad \cdots ①$$
$$n+1=db \qquad \cdots ②$$
となる自然数 a, b がある．

② $-$ ① より
$$1=d(b-a)$$
となるので，d は 1 の約数である．
したがって，$d=1$ に限られる．
以上で，n と $n+1$ の公約数は 1 のみであることが示された．よって，最大公約数も，もちろん 1 である．

(2) $_{2n}C_n=\dfrac{(2n)!}{n!\,n!}$, $_{2n}C_{n-1}=\dfrac{(2n)!}{(n-1)!\,(n+1)!}$

であるから，
$$n \cdot {}_{2n}C_n=\frac{(2n)!}{(n-1)!\,n!}$$
$$(n+1) \cdot {}_{2n}C_{n-1}=\frac{(2n)!}{(n-1)!\,n!}$$
となり，両者は一致する．よって，
$$n \cdot {}_{2n}C_n=(n+1) \cdot {}_{2n}C_{n-1}$$
である．
この式から，$n \cdot {}_{2n}C_n$ は $(n+1)$ の倍数となるが，(1) により n と $(n+1)$ には共通の素因数はない．したがって，$_{2n}C_n$ が $(n+1)$ の倍数になる．

204
考え方

(1) は解と係数の関係を用いる．(2), (3) は (1) で求めた 2 次方程式の 2 解 q, r に関する条件とみれば，解の分離の問題となる．

解答

(1) 条件より，
$$q+r=1-p \qquad \cdots ①$$
$$q^2+r^2=1-p^2 \qquad \cdots ②$$
① ^{2} $-$ ② より，
$$2qr=(q+r)^2-(q^2+r^2)$$
$$=(1-p)^2-(1-p^2)$$
$$=2p^2-2p$$
ゆえに，
$$qr=p^2-p \qquad \cdots ③$$
①，③ と解と係数の関係により，q と r は，x の 2 次方程式
$$x^2-(1-p)x+p^2-p=0 \qquad \cdots ④$$
の 2 解である．よって，
$$A=p-1, \quad B=p^2-p$$

(2) 実数 p の値を 1 つ定めると，それに応

じて q と r は2次方程式④の解として定まる。q, r は実数値しかとらないので、p の値として許容されるのは、2次方程式④が実数解をもつような値である。よって、④の判別式を D として、

$$D=(1-p)^2-4(p^2-p)\geqq 0$$
$$(p-1)(3p+1)\leqq 0$$
$$-\frac{1}{3}\leqq p\leqq 1$$

これから、p の最小値は

$$-\frac{1}{3}$$

(3) 今度は、2次方程式④が実数解をもつだけでは不十分であり、2解 q, r がともに p 以下でなくてはならない。いいかえれば、④が $x\leqq p$ の範囲に2つの実数解をもつ条件を求めればよい。

$$f(x)=x^2-(1-p)x+p^2-p$$

とおくと、その条件は、

$$\begin{cases} f(p)=3p^2-2p\geqq 0 & \cdots⑤ \\ \dfrac{1-p}{2}\leqq p \quad (軸の位置) & \cdots⑥ \\ D=-3p^2+2p+1\geqq 0 & \cdots⑦ \end{cases}$$

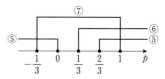

$$x=\frac{1-p}{2}$$

である。
⑤より

$$p(3p-2)\geqq 0$$
$$p\leqq 0 \quad または \quad p\geqq\frac{2}{3}$$

⑥より

$$1-p\leqq 2p$$
$$p\geqq\frac{1}{3}$$

⑦より

$$3p^2-2p-1\leqq 0$$
$$(3p+1)(p-1)\leqq 0$$
$$-\frac{1}{3}\leqq p\leqq 1$$

であるから、⑤、⑥、⑦をみたす p を数直線上で表すと、次のようになる。

この3つの共通部分をとると、p のとりうる値の範囲は

$$\frac{2}{3}\leqq p\leqq 1$$

である。よって、p の最小値は

$$\frac{2}{3}$$

205 考え方

条件式が x, y の対称式であることに着目する。

$x+y=a$, $xy=b$ などとおいて、条件式を a, b で表すとよい。ここで肝要なのは、x, y が実数ということから、

$$a^2-4b\geqq 0$$

なる付帯条件を考えなくてはならない、ということである。これは忘れやすいので特に注意が必要である。

解答

条件式

$$x^2+y^2-2xy-4x-4y+6=0$$

は

$$(x+y)^2-4xy-4(x+y)+6=0$$

とかけるから、

$$x+y=a, \quad xy=b$$

とおけば

$$a^2-4b-4a+6=0 \qquad \cdots①$$

となる。また、x, y は

$$t^2-at+b=0$$

の2解となり a, b を用いて

$$x=\frac{a\pm\sqrt{a^2-4b}}{2}, \quad y=\frac{a\mp\sqrt{a^2-4b}}{2}$$

と表せるので、「x, y が実数」という条件から、

$$a^2-4b\geqq 0 \qquad \cdots②$$

である.

① と ② が a, b がみたすべき条件である. ① から,

$$b=\frac{a^2-4a+6}{4} \quad \cdots ③$$

なので, ② に代入すると,

$$a^2-(a^2-4a+6)\geqq 0$$
$$4a-6\geqq 0$$
$$a\geqq \frac{3}{2}$$

となる. よって, a の最小値は $\frac{3}{2}$ である.

次に ③ より

$$b=\frac{1}{4}(a-2)^2+\frac{1}{2}$$

なので, $a\geqq \frac{3}{2}$ における b の最小値は $\frac{1}{2}$ である.

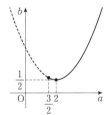

以上から,

$$x+y \text{ の最小値は } \frac{3}{2}$$
$$xy \text{ の最小値は } \frac{1}{2}$$

となる.

206 解答

[解答Ⅰ]　最高位, つまり万の位の数字は 0 以外なので, 1, 2, 3 の 3 つの場合がある.

(ア)　最高位が 1 の場合

1□□□□ となる. 4 つの□に 0, 1, 2, 3 (これらはすべて異なる) を並べればよいから,

$$4!=4\cdot 3\cdot 2\cdot 1=24 \text{ 通り}$$

(イ)　最高位が 2 の場合

2□□□□ となる. 4 つの□に 0, 1, 1, 3 を並べればよいが, 1 が 2 個あることに注意すれば,

$$\frac{4!}{2!}=12 \text{ 通り}$$

(ウ)　最高位が 3 の場合

3□□□□ となる. 4 つの□に 0, 1, 1, 2 を並べればよい. (イ)と同様に

$$\frac{4!}{2!}=12 \text{ 通り}$$

(ア)～(ウ)をあわせればよいから,

$$24+12+12=\textbf{48 個}$$

[解答Ⅱ]　0, 1, 1, 2, 3 の 5 文字を 1 列に並べると, 並べ方は

$$\frac{5!}{2!}=\frac{5\cdot 4\cdot 3\cdot 2\cdot 1}{2}=60 \text{ 通り}$$

ある. このうち 0 で始まる列, つまり 0□□□□ の形のものは 5 桁の数にならないので, それを除く.

4 つの□に 1, 1, 2, 3 を並べればよいので, 除くべきものは

$$\frac{4!}{2!}=12 \text{ 通り}$$

よって, 5 桁の数は

$$60-12=\textbf{48 個}$$

207 解答

(1)　長さ 3 の列で, b が隣り合わないものを辞書式順序で並べると,

$$aaa, \ aab, \ aba, \ baa, \ bab \ \cdots Ⓐ$$

の **5 通り**になる.

同様に, 長さ 4 の列を並べると,

$$\left.\begin{array}{l} aaaa, \ aaab, \ aaba, \ abaa, \\ abab, \ baaa, \ baab, \ baba \end{array}\right\} \cdots Ⓑ$$

の **8 通り**になる.

(2)　長さ 5 の列で, a で始まるものを(1)と同様に列挙してもよいが, 次のように考える方が見通しがよい.

a で始まるのだから

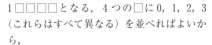

の形であるが, a の次は a でも b でもかまわないのだから, □□□□ の部分には(1)のⒷの 8 通りの列をそのままもってくればよ

114

い．つまり，
$$[a で始まる長さ 5 の列の数]$$
$$=[長さ 4 の列の数]=\textbf{8 通り}$$
になる．
次に b で始まる長さ 5 の列を考える．
b の次は a に限るので，

$$ba\ \boxed{}$$

の形である．a の次は a でも b でもかまわ
ないのだから，$\boxed{}$ には (1) の Ⓐ の 5 通
りの列をそのままもってくればよい．つまり，
$$[b で始まる長さ 5 の列の数]$$
$$=[長さ 3 の列の数]=\textbf{5 通り}$$
になる．

(3) (2)で考えたことから，例えば $f(5)$ は
$$f(5)=[長さ 5 の列の数]$$
$$=[a で始まる長さ 5 の列の数]$$
$$\qquad +[b で始まる長さ 5 の列の数]$$
$$=[長さ 4 の列の数]+[長さ 3 の列の数]$$
$$=f(4)+f(3)$$
$$=8+5=13$$

と求めることができる．これを一般化すれば
よい．

長さ $(n+2)$ の列を考える．これは a で始
まるものと b で始まるものに分けることが
できる．

・a で始まる長さ $(n+2)$ の列は

$$a\ \underbrace{\boxed{}}_{長さ\ (n+1)\ の列}$$

の形なので，$f(n+1)$ 通りある．

・b で始まる長さ $(n+2)$ の列は

$$ab\ \underbrace{\boxed{}}_{長さ\ n\ の列}$$

の形なので，$f(n)$ 通りある．
この 2 つをあわせると $f(n+2)$ 通りになる
はずだから，
$$f(n+2)=f(n+1)+f(n)$$
が成り立つ．

208 解答

(1) 9 枚のカードから 3 枚のカードを取り出
すとき，取り出し方は全部で

$$_9C_3=\frac{9\cdot8\cdot7}{3\cdot2\cdot1}=84 通り$$

ある．このうち，$X=2$ となる取り出し方を
考える．

$X=2$ とは 2 番目に大きい数が 2 である，と
いうことだから，カードの数は

$$1,\ 2,\ [3 \sim 9 のどれか]$$

となる．つまり 7 通りである．よって，
$X=2$ となる確率 $P(X=2)$ は
$$P(X=2)=\frac{7}{84}$$
$$=\frac{1}{12}$$

(2) $X=5$ とは 2 番目に大きい数が 5 である，
ということだから，カードの数は

$$[1 \sim 4 のどれか],\ 5,\ [6 \sim 9 のどれか]$$

である．これは全部で

$$4\times4=16 通り$$

あるから，
$$P(X=5)=\frac{16}{84}$$
$$=\frac{4}{21}$$

(3) 一般に，$2\leqq k\leqq8$ なる整数 k に対して
$X=k$ となる場合を考えると，(1)，(2)と同
様に，3 つの数は

$$[1\sim(k-1) のどれか],\ k,$$
$$[(k+1)\sim9 のどれか]$$

となる．
$1\sim(k-1)$ から 1 枚取る方法は
$$(k-1) 通り$$
であり，$(k+1)\sim9$ から 1 枚取る方法は
$$(9-k) 通り$$
である．よって，$X=k$ となるカードの取
り出し方は
$$(k-1)(9-k) 通り$$
である．
したがって，
$$P(X=k)=\frac{(k-1)(9-k)}{84}$$
これに
$$k=2,\ 3,\ \cdots,\ 9$$
を代入すると，次の表が得られる．

k	2	3	4	5	6	7	8
$P(X=k)$	$\dfrac{7}{84}$	$\dfrac{12}{84}$	$\dfrac{15}{84}$	$\dfrac{16}{84}$	$\dfrac{15}{84}$	$\dfrac{12}{84}$	$\dfrac{7}{84}$

これから X の期待値 $E(X)$ は次のようになる.

$$
\begin{aligned}
E(X) &= \sum_{k=2}^{8} k \cdot P(X=k) \\
&= \frac{1}{84}(2\times7+3\times12+4\times15+5\times16 \\
&\qquad +6\times15+7\times12+8\times7) \\
&= \frac{1}{84}\times420 \\
&= \mathbf{5}
\end{aligned}
$$

［注］ $E(X)=5$ となることは, X の分布が $X=5$ を中心として左右対称になっていることからの当然の帰結でもある.

209 解答

1回の試行で, 7のカードが取り出される確率は $\dfrac{1}{8}$ であり, 7以外のカードが取り出される確率は $\dfrac{7}{8}$ である. よって, 反復試行の確率により, n 回試行したとき, 7のカードがちょうど k 回取り出される確率は

$$
{}_n C_k \left(\frac{7}{8}\right)^{n-k}\left(\frac{1}{8}\right)^{k}
$$

となる. これを $0 \le k \le n$ の範囲の奇数の k について加えたものが p_n である. つまり,

$$
\begin{aligned}
p_n &= \sum_{k\text{は奇数}} {}_n C_k \left(\frac{7}{8}\right)^{n-k}\left(\frac{1}{8}\right)^{k} \\
&= {}_n C_1 \left(\frac{7}{8}\right)^{n-1}\cdot\frac{1}{8} + {}_n C_3 \left(\frac{7}{8}\right)^{n-3}\left(\frac{1}{8}\right)^{3}+\cdots
\end{aligned}
$$

である. これを求めるために, 二項定理を利用する.

$$
\begin{aligned}
(a+b)^n &= \sum_{k=0}^{n} {}_n C_k a^{n-k}b^{k} \\
(a-b)^n &= \sum_{k=0}^{n} {}_n C_k a^{n-k}(-b)^{k} \\
&= \sum_{k=0}^{n} (-1)^{k}{}_n C_k a^{n-k}b^{k}
\end{aligned}
$$

の2式を比べてみると, k が偶数のときは項は一致しており, k が奇数のときは符号だけ

がちがう. したがって, この2式の差をとると, k が偶数のときの項は消えて,

$$
\begin{aligned}
&(a+b)^n - (a-b)^n \\
&= 2\sum_{k\text{は奇数}} {}_n C_k a^{n-k}b^{k} \\
&= 2\{{}_n C_1 a^{n-1}b + {}_n C_3 a^{n-3}b^{3}+\cdots\}
\end{aligned}
$$

となる.
この式に

$$
a=\frac{7}{8}, \quad b=\frac{1}{8}
$$

を代入すれば $2p_n$ を表す式になる. すなわち,

$$
\begin{aligned}
2p_n &= \left(\frac{7}{8}+\frac{1}{8}\right)^n - \left(\frac{7}{8}-\frac{1}{8}\right)^n \\
&= 1-\left(\frac{3}{4}\right)^n
\end{aligned}
$$

よって,

$$
\boldsymbol{p_n = \frac{1}{2}\left\{1-\left(\frac{3}{4}\right)^n\right\}}
$$

210 解答

(1)

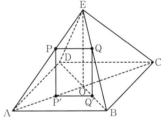

頂点 E から底面 ABCD に下ろした垂線の足は, 底面の正方形 ABCD の対角線の交点 O になる.
底面は1辺2の正方形であるから,

$$
\begin{aligned}
AC &= \sqrt{2^2+2^2} \\
&= 2\sqrt{2} \\
OA &= \sqrt{2}
\end{aligned}
$$

また, $AE=2$ である. よって, 平面 ACE での切り口は, 右の図のようになる. よって,

$$
\begin{aligned}
\angle PAO &= \angle EAO \\
&= \mathbf{45°}
\end{aligned}
$$

(2) EP＝EQ より △EPQ は △EAB と相似な正三角形であり，

$$PQ \text{／／底面 ABCD}$$

である．また，P′，Q′ はそれぞれ OA，OB 上にあり，

四角形 PP′Q′Q は長方形となる．

さて，EP＝x $(0<x<2)$ とおくと，△EPQ が正三角形であることから，

$$PQ = x$$

また，右の断面図より，

$$PP' = AP \sin 45°$$

$$= \frac{2-x}{\sqrt{2}}$$

よって，長方形 PP′Q′Q の面積を S とすれば，

$$S = x \cdot \frac{2-x}{\sqrt{2}}$$

$$= \frac{1}{\sqrt{2}}\{-(x-1)^2+1\}$$

これは $x=1$ で最大値 $\dfrac{1}{\sqrt{2}}$ をとる．

すなわち，

EP＝1 のとき最大値 $\dfrac{1}{\sqrt{2}}$ をとる．

(3) EP＝1 のとき，

$$OP = 1$$

同様に OQ＝1 であり，また，

$$PQ = EP = 1$$

なので，△OPQ は1辺1の正三角形である．よって，

$$\cos \angle POQ = \cos 60° = \frac{1}{2}$$

---

211 解答

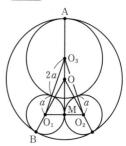

円 C_1，C_2，C_3，C の中心をそれぞれ O_1，O_2，O_3，O とおく．また，C と C_3 の接点を A，C と C_1 の接点を B，C_1 と C_2 の接点を M とする．

△OO_1M は直角三角形であるので，この3辺の長さを a で表して，ピタゴラスの定理を用いて a を求める．まず C_1 が C に内接しているから，

$$OO_1 = OB - O_1B = 1-a \quad \cdots ①$$

また，C_3 が C に内接しているから

$$OO_3 = OA - O_3A = 1-2a$$

であり，

$$O_3M = \sqrt{O_1O_3{}^2 - O_1M^2}$$

$$= \sqrt{(3a)^2 - a^2}$$

$$= 2\sqrt{2}\,a$$

であるから，

$$OM = O_3M - OO_3$$

$$= 2\sqrt{2}\,a - (1-2a)$$

$$= 2(\sqrt{2}+1)a - 1 \quad \cdots ②$$

最後に $O_1M = a$ であるから，これと①，②を

$$OO_1{}^2 = O_1M^2 + OM^2$$

に代入すると，

$$(1-a)^2 = a^2 + \{2(\sqrt{2}+1)a-1\}^2$$

これを整理する．

$$1 - 2a + a^2 = a^2 + 4(3+2\sqrt{2})a^2$$
$$-4(\sqrt{2}+1)a + 1$$

$$4(3+2\sqrt{2})a^2 = (4\sqrt{2}+2)a$$

よって，

$$a = \frac{2\sqrt{2}+1}{2(3+2\sqrt{2})}$$

$$= \frac{(2\sqrt{2}+1)(3-2\sqrt{2})}{2(3+2\sqrt{2})(3-2\sqrt{2})}$$

$$= \frac{4\sqrt{2}-5}{2}$$